Die
Nordwestdeutsche Heide

in

forstlicher Beziehung.

Von

F. Erdmann,

Forstmeister zu Neubruchhausen.

Berlin.

Verlag von Julius Springer.

1907.

ISBN-13:978-3-642-89655-2   e-ISBN-13:978-3-642-91512-3
DOI: 10.1007/978-3-642-91512-3

Vorwort.

Was mich veranlaßt, die nachstehenden Betrachtungen — das
Ergebnis fast zwanzigjähriger Studien und Beobachtungen im Heide=
gebiete — der Öffentlichkeit zu übergeben, ist die Überzeugung, daß
die Forstwirtschaft Nordwestdeutschlands gegenwärtig an einem
Scheidewege steht. Nach der Methode, die bis in die jüngste Ver=
gangenheit hinein für die Bewirtschaftung unserer nordwestdeutschen
Wälder und Heiden maßgebend gewesen ist, können wir nicht dau=
ernd weiter wirtschaften — darüber ist sich allmählich die Mehr=
zahl der Forstwirte der Heide, auch bei übrigens vielfach diver=
gierender Meinung im einzelnen, einig geworden. Anderseits ist
aber auch mit einiger Sicherheit anzunehmen, daß die Periode des
Tastens und Probierens, des Aufsuchens neuer Pfade, ebenfalls
ihrem Abschlusse nahe steht. Wenn irgendwo zur Zeit, macht sich
im Heidegebiet eine wirtschaftliche Betätigung geltend, wie sie nach=
drücklicher und einschneidender kaum gedacht werden kann: sei es
durch Umwandlung von Heideflächen in Wald, Ackerland oder Wiese,
sei es durch intensivere Gestaltung der Bewirtschaftung schon vor=
handener Wälder oder landwirtschaftlich benutzter Flächen dieses
Gebietes. Eine solche Betätigung fordert aber gebieterisch die
Herausbildung eines klaren, zielbewußten Programms, das die
weitere Entwicklung der Dinge in feste Bahnen leitet. Der gegen=
wärtige Zeitpunkt oder doch die allernächste Zukunft wird daher
aller Wahrscheinlichkeit nach entscheidend für die Gestaltung der
wirtschaftlichen Verhältnisse der Heide während eines längeren Zeit=
abschnitts sein. In welcher Richtung diese Entscheidung fällt, dürfte
aber wesentlich davon abhängen, ob es gelingt, ein wirklich zu=
treffendes Bild von der Eigenart der Heide zu gewinnen — ein
Bild, auf Grund dessen die maßgebenden Vertreter des staatlichen,
kommunalen und privaten Grundbesitzes mit einiger Zuversicht ihre
Entschließungen treffen und tatkräftig durchführen können, ohne
ständig durch den Gedanken gelähmt zu werden, daß der gesamte

Wirtschaftsbetrieb doch im Grunde nur auf unsicheren, unklaren, noch nicht genügend erforschten Unterlagen aufgebaut sei.

Unter solchen Umständen scheint es mir Pflicht eines Jeden zu sein, der auch nur einigermaßen in der Lage ist, positives Material zur Klärung der hier vorliegenden Fragen beizubringen, damit nicht zurückzuhalten. Ein für mich glücklicher Zufall hat es gefügt, daß fast zu derselben Zeit, wo Lodemann im lüneburgischen, van Schermbeek im niederländischen Heidegebiete ihre bedeutsamen, zum Teil an die schon früher veröffentlichten Ideen von Emeis anknüpfenden Versuche begannen, mir in dem dazwischen liegenden Landstrich, der Bremer Heide, ein Revier überwiesen wurde, in dem ganz ähnliche Versuche augenscheinlich schon vor mehreren Jahrzehnten — ich vermute, auf Veranlassung des damaligen Inspektionschefs, späteren Oberforstmeisters Rettstadt — angestellt, freilich inzwischen auch gründlich wieder in Vergessenheit geraten und durch die nachfolgende verfehlte Wirtschaft vielfach durchkreuzt und in ihrem Erfolg beeinträchtigt waren. Unabhängig von den genannten beiden Forschern und zunächst völlig ohne Kenntnis von ihrem Vorgehen, bin ich damals, infolge der eindrucksvollen Sprache dieser aus einem von dem gegenwärtigen so ganz abweichenden Wirtschaftsverfahren stammenden Waldbilder, im wesentlichen zu den gleichen Anschauungen über das, was unsern Heideforsten in erster Linie not tut, gelangt; und ich habe nicht gesäumt, soweit mir dies in meinem beschränkten Wirkungskreise möglich war, meine Anschauungen in die Tat zu übersetzen. Fünfzehn Jahre ist es mir inzwischen vergönnt gewesen, an ein und derselben Stelle zu wirken und die allmähliche Entwicklung jener erstmaligen und zahlreicher nachfolgender Versuche fortlaufend im Auge zu behalten. Nicht in allen Einzelheiten haben sie bestätigt, was a priori vermutet werden konnte; manche Anschauungen mußten im Laufe der Jahre modifiziert werden, manche Voraussetzungen erwiesen sich als nicht stichhaltig: aber im großen und ganzen hat doch jedes neue Jahr dazu beigetragen, mich in der Überzeugung zu bestärken, daß die „neue Richtung" sich auf richtigem Wege befindet, auf einem Wege, der uns aus zahlreichen Kalamitäten, Krisen und Sackgassen, in die sich die herrschende Forstwirtschaft der Heide verrannt hat, herausführen wird, auch wenn zunächst noch mit gelegentlichen Irrtümern und Fehlgriffen im einzelnen gerechnet werden muß. Und diese Überzeugung ist noch stärker geworden, je mehr ich Gelegenheit ge-

habt habe, die Gegensätze zwischen alter und neuer Richtung auch
auf zahlreichen andern, in den verschiedensten Teilen des nordwest=
deutschen Heidegebiets belegenen Revieren eingehender zu studieren.

Im allgemeinen kann sich die neue Richtung nicht darüber be=
klagen, daß ihr aus den Kreisen der Heideforstwirte selbst ein allzu
geringes Verständnis entgegengebracht wäre. Im Gegenteil, auch
von ihren schärfsten Vertretern — zu denen sich der Verfasser
rechnet — kann nur dankbar anerkannt werden, daß die Gegner
durchweg mit gutem Willen an die Prüfung ihrer Grundsätze her=
angetreten sind und sich in der Praxis vielfach zu weitgehendem
Entgegenkommen bereit gefunden haben. Mit einigem Rechte darf
sie daher wohl von einer nicht allzu fernen Zukunft die völlige
Überwindung jener alten, ihr diametral entgegenstehenden wirtschaft=
lichen Auffassung erhoffen, die in der ungemessenen Bevorzugung
des Nadelholzes, in der ausnahmslosen Erhaltung aller Humus=
stoffe im Walde und im schablonenmäßigen Hochwaldbetriebe mit
Kahlschlag das Heil erblickt — einer Auffassung, die wahrscheinlich
nirgends im deutschen Walde, am allerwenigsten aber im Heide=
gebiet eine Berechtigung hat.

Dagegen muß die neue Richtung mit zwei Faktoren rechnen,
die ihr unter Umständen sehr gefährlich werden und ihrer weiteren
Ausbreitung erhebliche Hindernisse in den Weg legen können. Die
eine Gefahr, die es zu bekämpfen gilt, liegt im Pessimismus, in
der resignierten Gleichgültigkeit gegen die unmittelbar vorliegenden
Aufgaben: wozu Mühe und Kosten an ein Problem verschwenden,
das, wie die Erfahrung lehrt, schon so häufig am verkehrten Ende
angegriffen ist, über dessen zweckmäßigste Lösung die Meinungen
heute noch so weit auseinander gehen, und das leidlich sicheren Er=
folg eigentlich nur bei Aufbietung ganz unverhältnismäßiger Mittel
verspricht? Das andere, kaum minder bedenkliche Hemmnis für
eine normale Weiterentwicklung der Heide=Forstwirtschaft ergibt sich
aus der starken Beachtung, die einzelne mit den Verhältnissen der
Heide sich beschäftigende Kundgebungen gefunden haben, deren Ur=
heber, von vorgefaßter Meinung ausgehend, der Forstwirtschaft der
Heide Wege weisen wollen, ohne die Heide selber genügend zu
kennen.

Nicht jeder, der theoretische Abhandlungen über die Heide ver=
öffentlicht oder berufsmäßig an ihrer Erschließung und wirtschaft=
lichen Förderung mitarbeitet, darf ohne weiteres als legitimiert be=

trachtet werden, einen sicheren Führer in dem Labyrinth ihrer Wege abzugeben. Mancher aus anderen Gegenden als Verwalter eines Heidereviers oder in eine leitende Stelle innerhalb des Forstwirtschaftsbetriebes der Heide Berufene hat langer Jahre bedurft, um überhaupt erst sehen zu lernen, was es hier zu sehen gab, nachdem sein Blick bislang vielleicht in ganz anderer Richtung geschult und geschärft war. Immerhin bilden die heidefremden Praktiker, auch wo sie zunächst falsche Bahnen betreten, nicht die größte Gefahr. Der Praktiker hat, wenn er sich nicht gewaltsam gegen die Eindrücke seines Gesichtsfeldes verschließt, in der Praxis selbst ein gewisses Gegengewicht gegen Vorurteil und Voreingenommenheit, das ihm das Betreten neuer Bahnen erleichtert. Sieht man die Erfolge an, die die neue Richtung gerade unter den praktischen Forstwirten erzielt hat, so kann man mit dem Ergebnis wohl zufrieden sein. Unbedingte Gegner und Verurteiler, wie sie vor ein bis zwei Jahrzehnten noch die Regel bildeten, sind recht selten geworden; fast alle heute noch als Anhänger der alten Richtung geltenden Wirtschafter des Heidegebiets haben doch gewisse Forderungen der neuen schon mit übernommen, und bei manchen von ihnen kann man deutlich verfolgen, wie sie dem Standpunkte der Neuerer mit jedem Jahre näher kommen. Eine derartige Selbstkritik findet man bei den Theoretikern der Heideforstwirtschaft erheblich seltener. Borggreve vertritt noch heute im wesentlichen dieselben Anschauungen, die er vor annähernd 30 Jahren in seiner Broschüre „Heide und Wald“ verfochten hat, obwohl ihm inzwischen wiederholt entgegengehalten ist, daß er einzelne, für die betreffenden Fragen sehr ins Gewicht fallende Momente einfach ignoriert hat. Ramann, dessen Verdienste um den Ausbau der forstlichen Bodenkunde selbstverständlich in keiner Weise bestritten oder verkleinert werden sollen, nimmt doch in bezug auf diese Spezialfrage einen Standpunkt ein, der kaum mit den neueren Feststellungen der geologischen Landesaufnahme und gewiß nicht mit zahlreichen Erfahrungen der Praxis im Heidegebiet in Einklang zu bringen ist. Als den zur Zeit gefährlichsten Doktrinär auf dem Gebiete der Heideerforschung muß ich aber Graebner ansehen, dessen eingehender Bekämpfung und Widerlegung daher auch die vorliegende Arbeit in erster Linie gewidmet ist.

Im übrigen will diese Arbeit nichts weiter sein als eine zusammenfassende Darstellung der Grundlagen, aus denen sich das

Programm einer naturgemäßen, waldbaulich und forstpolitisch zu rechtfertigenden Bewirtschaftung der Heideforsten ableiten läßt. Die Entwicklung und eingehende Begründung dieses Wirtschaftsprogramms soll einer, nach Absicht des Verfassers baldigst folgenden, besonderen Arbeit vorbehalten bleiben, zu der die vorliegende gewissermaßen die Einleitung bildet. Daß diese letztere schon jetzt als gesondertes Werk für sich erscheint, ist lediglich auf die meiner Ansicht nach nicht länger hinauszuschiebende Notwendigkeit zurückzuführen, den Veröffentlichungen Graebners, die schon manche nicht unbedenkliche Folgen für die weitere Gestaltung der wirtschaftlichen Verhältnisse der Heide gehabt haben, aus den Kreisen der forstlichen Praktiker heraus nachdrücklich entgegen zu treten.

Neubruchhausen, den 6. Februar 1907.

F. Erdmann.

Inhalt.

I.

Dr. Paul Graebners Handbuch der Heidekultur.

Vor fünf Jahren erschien als V. Band der von Engler und Drude herausgegebenen Sammlung pflanzengeographischer Monographien ein von Dr. Paul Graebner — gegenwärtig Kustos am Königlichen Botanischen Garten der Universität Berlin — verfaßtes Werk: „Die Heide Norddeutschlands und die sich anschließenden Formationen in biologischer Betrachtung. Eine Schilderung ihrer Vegetationsverhältnisse, ihrer Existenzbedingungen und ihrer Beziehungen zu den übrigen Pflanzenformationen, besonders zu Wald und Moor." Dies Werk hat — mit Recht — in weiten Kreisen eingehende Beachtung gefunden. Es bereicherte unsere Kenntnis von den Verhältnissen des Heidegebiets in dankenswerter Weise, es brachte eine Fülle von positivem Material, und es bot auf den verschiedensten Gebieten der Land= und Forstwirtschaft Anregung zu weiteren Versuchen und zu praktischer Schaffenstätigkeit. Beweis für das große Interesse, das ihm von allen Heidefreunden, Heide= forschern und Heidewirtschaftern entgegengebracht wurde, ist vor allem — nächst den vielen und eingehenden, durchweg sehr wohl= wollend gehaltenen Besprechungen — daß in wenigen Jahren schon eine Neuauflage oder Neubearbeitung erforderlich wurde.

Gewiß nicht am wenigsten hat zu dieser weiten Verbreitung des Werkes und der darin niedergelegten Ideen die forstliche Welt beigetragen. Soweit diese in Frage kam, war das Buch in einem äußerst günstigen Zeitpunkte erschienen. Seit etwa 1 bis $1\frac{1}{2}$ Jahr= zehnten hat sich in den Kreisen der Forstleute des Heidegebiets und der für die Forstwirtschaft der Heide maßgebenden Stellen der Staatsverwaltung mehr und mehr die Überzeugung Bahn gebrochen, daß die Forstwirtschaft des nordwestdeutschen Flachlandes sich zur= zeit an einem Wendepunkte befindet, daß sie im Begriffe steht, mit einer Anzahl altüberkommener Anschauungen zu brechen und neue

Wege einzuschlagen — daß sie sich aber über die Richtung dieser Wege vor der Hand noch nicht schlüssig werden kann. Ein Werk, das die Existenzbedingungen der Heide und die Beziehungen zwischen Heide und Wald zum Gegenstand gründlicher wissenschaftlicher Untersuchung macht, muß in einem solchen Zeitpunkte als willkommener Führer erscheinen und kann unter Umständen von unberechenbarem Einflusse sein. Man geht wohl nicht fehl, wenn man einen der bedeutsamsten Schritte, die zur Förderung der gesamten wirtschaftlichen, speziell aber der forstwirtschaftlichen Verhältnisse der Heide getan sind, die durch den preußischen Landwirtschaftsminister erfolgte Berufung einer eigenen, aus Forstmännern und Vertretern der Naturwissenschaften bestehenden Kommission zur Beratung der schwierigen Frage einer besseren Nutzbarmachung der großen nordwestdeutschen Heidegebiete, wesentlich mit auf die Anregung des Graebnerschen Werkes zurückführt. Schon dieser Umstand allein würde genügen, dem Verfasser des Buches ein unbestreitbares Verdienst zu vindizieren, das auch von denen anerkannt werden kann, die die darin niedergelegten Grundanschauungen im übrigen nicht zu billigen vermögen, vielmehr als direkt schädlich und gefahrbringend für die Forstwirtschaft Nordwestdeutschlands ansehen.

Daß die erste Ausgabe des Graebnerschen Werkes einzelne bedenkliche Irrtümer enthielt, daß manche Voraussetzungen des Verfassers nicht zutreffend, manche Schlußfolgerungen fehlerhaft waren, hat bereits Möller in einer eingehenden Besprechung des Buches in der Zeitschrift für Forst und Jagdwesen (November 1902) nachgewiesen. Die vom speziell forstlichen Standpunkte zu machenden Haupteinwendungen sind von mir in einer kleinen, nur einem beschränkten Leserkreise zugänglich gewordenen Broschüre[1]) niedergelegt. Beide Kritiken — meines Wissens die einzigen, die sich in entschiedener Weise gegen die Grundauffassung Graebners in bezug auf die wirtschaftliche Zukunft der Heide richteten — haben dem Verfasser des Werkes keinen Anlaß gegeben, bei der im Jahre 1904 erfolgten Neubearbeitung seines Werkes, das nunmehr unter dem Titel „Handbuch der Heidekultur" vorliegt, seinen bisherigen Stand-

---

[1]) Die Heideaufforstung und die weitere Behandlung der aus ihr hervorgegangenen Bestände. Von F. Erdmann, Königl. Preuß. Forstmeister zu Neubruchhausen, Reg.-Bez. Hannover. Als Manuskript gedruckt für die Ausstellung der Preußischen Staatsforstverwaltung zu St. Louis (Nordamerika).

punkt einer wesentlichen Änderung zu unterziehen. Allerdings sind einzelne Schroffheiten der ersten Bearbeitung gemildert, und bei der Erörterung von Spezialfragen sind stellenweise auch wohl kleine Verschiebungen des ursprünglichen Standpunktes zu konstatieren. So tritt 1904 bei der Besprechung der Pflanzenkrankheiten in der Heide verschiedentlich an Stelle des 1901 noch ausschließlich betonten Faktors „Nährstoffarmut des Bodens" der damit keineswegs identische Begriff „mangelhafte Ernährung" auf. Da aber derartige fast unbemerkt eingeführte Konzessionen nicht offen als Berichtigungen früherer Aussprüche hingestellt und da sie vor allem durch zahlreiche anderweitige Stellen in ihrer Bedeutung wieder abgeschwächt, zum Teil aufgehoben werden, so können sie auch die Grundtendenz des Buches nirgends in merklicher Weise beeinflussen. Graebner hat die Möllerschen Vorhalte an zwei Stellen des Handbuchs der Heidekultur (S. 7 und S. 56) kurz zu widerlegen gesucht; meines Erachtens ohne daß es ihm geglückt wäre, ihr Gewicht zu entkräften. Auf die von mir gerügten Punkte ist er überhaupt nicht eingegangen. Er hat statt dessen den Spieß umgewandt. In der Vorrede des Handbuchs der Heidekultur bedauert er, daß forstwissenschaftliche Schriftsteller, unter denen er Borggreve und mich namhaft macht, vielfach in den Fehler verfielen, infolge ungenügender Orientierung über die Fortschritte in den neben dem Spezialfach noch in Betracht kommenden Wissenszweigen falsche Angaben zu machen. Dadurch, daß „dem praktischen Forstmann selbstredend das Gebiet der botanischen Wissenschaft, die physiologische und formationsbiologische Literatur nicht so vollständig bekannt sein kann", sei er in manchen Punkten mißverstanden worden. Die ganze sachliche Differenz einfach auf Mißverständnisse zurückzuführen, von nur scheinbaren Widersprüchen und dadurch entstandenen unnützen Angriffen zu reden, ist aber doch eine gar zu billige Weise der Widerlegung. Ich weiß nicht, ob sich Graebner wirklich selbst einredet, daß es sich hier in der Tat um nichts weiter als um Mißverständnisse handelt; gewiß aber ist, daß er es durch solche mit ruhigem Selbstbewußtsein abgegebene Urteile andern einredet; und das ist für die sachliche Entscheidung der hier vorliegenden Fragen nicht gleichgültig. So wird in einer Besprechung des Graebnerschen Handbuchs durch Herrmann in der Forstlichen Rundschau (1905, Nr. 2) ausgeführt: Die erste Bearbeitung sei wegen ihres rein wissenschaftlichen Charakters von den — naturwissenschaftlich

mangelhaft ausgebildeten — forstlichen Praktikern einfach miß=
verstanden; dieses Mißverständnis sei aber bei der nunmehr vor=
liegenden Neuausgabe, in der der botanisch=wissenschaftliche Teil
allgemeinverständlicher dargestellt sei, nicht mehr zu befürchten.
Namens einer ganzen Anzahl forstlicher Praktiker, die sich ebenfalls
mit dem Graebnerschen Buche eingehend befaßt haben und zu ähn=
lichem Urteile gelangt sind wie ich, muß ich gegen eine solche Auf=
fassung Protest einlegen. Verstanden haben wir die Graebnerschen
Ausführungen schon — auch in dem gelehrteren Gewande der ersten
Ausgabe — aber wir sind genötigt, sie anzugreifen, weil sie mit
bestimmten Tatsachen im Widerspruche stehen. Und hier,
auf dem Gebiet des Tatsächlichen, müssen wir Praktiker ver=
langen, gehört zu werden. Man mag uns Irrtümer nachweisen,
mangelhafte Beobachtung, falsche Schlußfolgerung vorwerfen, aber
man darf unsere Einwände nicht einfach ignorieren.

In den nachstehenden Ausführungen werde ich allerdings ge=
nötigt sein, stellenweise auch über das Gebiet der Tatsachen hinaus
in das der wissenschaftlichen Theorien hinüberzugreifen. Ich hätte
diese Seite der Polemik gern einer berufeneren Feder überlassen.
Die Art der hier zu behandelnden Fragen macht es aber schwer,
vielleicht unmöglich, die theoretisch=wissenschaftliche Seite von der
praktisch=wirtschaftlichen ganz zu trennen und beide gesondert zu be=
handeln. Ich kann den Leser dieser Zeilen daher nur bitten, tun=
lichst von der Persönlichkeit des Angreifenden wie des Angegriffenen
ganz abzusehen und die Streitfrage zwischen ihnen nach rein sach=
lichen Argumenten zu entscheiden. Graebner selbst wird ja, wie
ich annehme, bei der Wichtigkeit der unserem Streite zugrunde
liegenden Frage, von deren Entscheidung im einen oder im
anderen Sinne die Zukunft des Waldes auf einem Ge=
samtgebiete von rund 40000 qkm abhängt, nicht Anstand
nehmen, auf diesen offenen Angriff offen zu erwidern; und wenn
mir bei diesem Angriffe Irrtümer oder Trugschlüsse untergelaufen sein
sollten, die er richtig zu stellen vermag, so werde ich der erste sein,
diese Richtigstellung im Interesse des uns beiden gemeinsamen Ziels
zu begrüßen. Daß es mir umgekehrt gelingen könnte, Graebner
zu meiner Auffassung zu bekehren, halte ich für ausgeschlossen.
Wäre es möglich, Graebners Grundauffassung von der Eigenart
der Heide zu erschüttern, so hätte dies unbedingt schon durch die
Mitarbeit des Forstrats von Bentheim an dem Handbuche der

Heidekultur erfolgen müssen. Der Standpunkt von Bentheims, wie er in dem von ihm verfaßten Kapitel 7 des Handbuchs: „Die wirtschaftlichen Verhältnisse der Heide", zum Ausdruck gelangt, deckt sich wenigstens in den Hauptpunkten so sehr mit dem meinigen und steht mit dem Graebnerschen vielfach so sehr in Widerspruch, daß man zwei völlig voneinander unabhängige Werke vor sich zu haben glaubt, von denen man nur wünschen möchte, daß diese scharfe Trennung auch in der Anlage und Gliederung des Werkes etwas stärker zum Ausdruck gelangt wäre.

Um die einzelnen Punkte näher erörtern zu können, die ich in dem Graebnerschen Werke nicht nur für irrtümlich, sondern auch für irreleitend, für gefährlich und verderblich für die Weiterentwicklung der Waldwirtschaft im nordwestdeutschen Heidegebiet halte, wird zunächst ein kurzer Überblick über Inhalt und Einteilung des Werkes, über die Ergebnisse, zu denen der Verfasser gelangt, und über die wirtschaftlichen und Verwaltungsmaßregeln, die er in Konsequenz dieser Ergebnisse fordern muß, geboten sein.

Abgesehen von den beiden Kapiteln, die von Mitarbeitern verfaßt sind und bei den nachstehend zu erörternden Punkten nicht mit in Frage kommen — dem schon erwähnten Abschnitt über die wirtschaftlichen Verhältnisse der Heide vom Forstrat von Bentheim und einer Abhandlung über die Geschichte der Bedeutung des Wortes Heide von dem Bruder des Herausgebers, Fritz Graebner — bringt der erste Teil zunächst als einleitende Kapitel: eine Abhandlung über Formationsbildung im allgemeinen, eine Fixierung des Begriffes der Heide und einen Überblick über die geographische Verbreitung der Heiden und Heidepflanzen in Norddeutschland. Es folgen: die Darstellung der Entstehung und der Veränderung der Heideformation; eine Charakteristik der Bodenarten der Heide; der Nachweis der Abhängigkeit der Heide von den klimatischen Verhältnissen des norddeutschen Flachlandes; eine Untersuchung der Vegetationsbedingungen der Heidepflanzen; endlich eine Untersuchung der hauptsächlichsten Krankheiten der Kulturpflanzen in der Heide. Der zweite Teil verbreitet sich über die Gliederung der Heideformation — wobei echte Heiden, Grasheiden, Waldheiden und heidekrautlose Sandfelder unterschieden werden — und über ihre Beziehungen zu anderen Formationen, speziell zur Halophyten-Vegetation, zu Wiesen und Wiesenmooren, zu waldigen und zu steppenartigen Formationen. Auch dieser Teil des Werkes ist, als

vorwiegend fach=botanischer, von der nachfolgenden Besprechung aus=
geschlossen.

Die wesentlichsten Ergebnisse der Graebnerschen Untersuchun=
gen lassen sich etwa in folgenden Sätzen niederlegen:

1. Der Einfluß des Menschen auf die Herausbildung der
„wilden“ Formationen,. Wiese, Wald, Heide, Moor, wird gewöhn=
lich sehr überschätzt.

2. Eine natürliche Einteilung der Pflanzenformationen führt
zu einer Vereinigung von Sandfeldern, Kiefernwäldern, Heiden und
Heidemooren (Vegetationsformen mineralstoffarmer Böden) auf der
einen, der sonstigen Wälder, der natürlichen Wiesen und der Grün=
landmoore (Vegetationsformen mineralstoffreicher Böden) auf der
anderen Seite.

3. Die geographische Verteilung der Heidepflanzen wird durch
klimatische Verhältnisse bedingt.

Die Kiefer ist nicht als typische Heidepflanze anzusehen. Das
nordwestdeutsche Flachland ist ein ursprüngliches Laubholzgebiet,
dem die Kiefer zwar von Natur nicht völlig fremd gewesen ist, das
aber niemals künstlich in ein wirkliches Kieferngebiet, d. h. ein Ge=
biet mit ausgedehnten reinen Kiefernbeständen von normaler Be=
schaffenheit umgewandelt werden kann.

4. Erfordernis für das Gedeihen der Heidepflanzen ist das
Vorhandensein eines nährstoffarmen Substrats. Die Heidepflanzen
sind nicht imstande, größere Nährstoffmengen, die für andere Pflanzen
noch gering erscheinen, zu verarbeiten.

Dagegen trifft die vielfach behauptete Kalkfeindlichkeit des
Heidekrauts nicht zu.

5. Die Heideböden Norddeutschlands sind zumeist Sand= oder
Moorböden und durchweg sehr arm an mineralischen Nährstoffen.
Alle Heideböden — auch die als vereinzelte Ausnahmen auftreten=
den schwereren — sind in ihren oberen Schichten stark ausgelaugt.
Charakteristisch ist ferner für die Mehrzahl der Heideböden die Ort=
steinbildung.

Der Nährstoffgehalt typischer Heideböden ist so gering, daß
auf ihnen ohne weiteres keine Formation mit größerer Stoff=
produktion, also auch kein Wald, entstehen kann.

6. Die Annahme, daß dem Boden durch den jährlichen Laub=
abfall der größte oder doch ein großer Teil der entzogenen Nähr=
stoffe wiedergegeben werde, ist falsch. Auch auf besten Böden ist

es daher unmöglich, dauernd Waldwirtschaft zu treiben, ohne daß dem Boden Nährstoffe wieder zugeführt werden. Bei schlechten Böden ist das Ende der Produktionsfähigkeit jetzt bereits abzusehen.

7. Durch künstliche Düngung kann der Boden im Heidegebiet für Laubholzzucht oder landwirtschaftliche Nutzung geeignet gemacht werden, und es ist mindestens wahrscheinlich, daß auch der Ort= stein, der Rohhumus und andere Hemmungen im Boden dadurch zum Verschwinden gebracht oder unschädlich gemacht werden können.

8. Zahlreiche Heiden Norddeutschlands sind sicher aus Wald hervorgegangen. Diese Umbildung hat sich auf zwei verschiedenen Wegen vollzogen:

a) Der Wald wurde wiederholt abgeholzt. Während des jedesmaligen Bloßliegens des Bodens schritt die Auslaugung der oberen Bodenschichten stärker vor. Die bisherige Bodenflora, an nährstoffreiches Substrat gebunden, verschwand; an ihre Stelle traten die bedürfnisloseren Heidepflanzen: Durch den im Untergrund sich bildenden Ortstein wurde die Verjüngung des Waldes unterbunden, da die jungen Holzpflanzen, deren Wurzeln die Ortsteinschicht nicht zu durchdringen vermochten, an Nährstoffmangel und Trockenheit oder durch Frost zugrunde gingen. Schließlich wurde auch das Absterben der alten Bäume durch die Ortsteinbildung beschleunigt — der Wald verschwand, die Heidepflanzen behaupteten das Feld.

b) Unter dicht geschlossenem — Laubwald= oder Fichten= — Bestand bildeten sich mächtige Rohhumuslager. Der dadurch be= wirkte Luftabschluß führte das Absterben der Bäume herbei. Die Fläche blieb zunächst vegetationslos liegen, bis sie schließlich von den Heidepflanzen in Besitz genommen wurde.

Selbst ohne Abholzung muß auf sandigen Böden die Heide= bildung vor sich gehen, wenn nicht für Erneuerung der Nährstoffe im Boden gesorgt wird. Gewissermaßen als Vorstufe der Heide= bildung ist das Verschwinden anspruchsvollerer und die Zunahme anspruchsloserer Holzarten im Walde anzusehen.

Andere Entstehungsarten der Heide sind die auf armem, nacktem Dünensande — ohne vorgängige Waldvegetation — oder aus einem austrocknenden Heidemoore.

9. Bezüglich der Heidemoore ist eine fünffache Entstehungs= art anzunehmen: im Wasser, auf nährstoffarmem, nacktem Sand= boden, auf einem Wiesenmoore, aus einer feuchten Heide, aus Wald.

10. In den Heidegebieten wird nur selten eine Kulturpflanze getroffen, die sich in völlig normaler Entwicklung befindet. Durchweg findet man sowohl bei Ackergewächsen wie bei Waldbäumen ein allgemeines Zurückbleiben in der Größe, eine mangelhafte Stoffproduktion, ein frühzeitiges Absterben, bei den Waldbäumen demgemäß auch frühzeitige Alterserscheinungen, endlich eine starke Disposition zu Erkrankungen jeder Art. Alle diese Übelstände beruhen auf mangelhafter Ernährung, die ihrerseits wieder durch verschiedene Ursachen herbeigeführt sein kann: in erster Linie Nährstoffarmut des Bodens, weiterhin Sauerstoffmangel, ungünstiger Einfluß von Säuren im Boden, Wassermangel, klimatische Einflüsse.

Über die Frage, welche dieser Faktoren im Einzelfalle die entscheidenden sind, fehlt es bislang noch völlig an Anhaltspunkten. Die bisherigen Maßregeln der Praxis gründen sich durchweg auf unzureichende Kenntnis dessen, was der Pflanze wirklich fehlt, und sind daher im großen und ganzen ohne Wert.

Ich glaube, daß in den vorstehend aufgeführten Sätzen das Wesentliche dessen wiedergegeben ist, was speziell den Forstmann in dem Graebnerschen Werke interessieren muß. Daß ich nicht etwa Einzelheiten aus dem Zusammenhange herausgegriffen und dadurch in ein schiefes Licht gerückt habe, sondern daß meine Zusammenfassung tatsächlich der Grundanschauung, der Tendenz des Buches entspricht, wird mir jeder unbefangene Leser desselben bestätigen müssen. Damit soll nicht gesagt sein, daß sich bei Graebner nicht gelegentlich auch Wendungen fänden, die mit einzelnen jener Sätze nicht voll in Einklang zu bringen sind. So lesen wir auf S. 62: „. . . Die Heidebildung auf diesem Boden ist deswegen interessant, weil sie ohne Verarmung des Bodens vor sich gehen kann." Wie Graebner diese Stelle mit den sonst allgemein von ihm vertretenen Anschauungen (Sätze 4 und 5) vereinigen will, ist freilich schwer zu verstehen.

Unmittelbare Bedeutung für die Praxis haben von den vorstehenden Sätzen die unter Nr. 5 bis 7 und Nr. 10 aufgeführten. Als notwendige Konsequenz aus ihnen ergeben sich damit für Graebner nachstehende zwei Postulate in bezug auf die Waldwirtschaft der Heide:

1. Vor jeder Neuaufforstung oder Bestandesverjüngung im Heidegebiet muß eine künstliche Düngung erfolgen, und zwar mit

möglichst schwer zersetzbaren Materialien, die für ein Jahrhundert wirksam sein können. Insbesondere müssen auch Ortstein= und Roh= humusböden zum Zwecke der Beseitigung oder Unschädlichmachung der genannten beiden schädlichen Bildungen stets künstlich gedüngt werden. Große wüste Strecken können und müssen dadurch der Kultur wieder zugänglich gemacht werden.

2. Um überflüssige oder direkt schädliche wirtschaftliche Maß= regeln zu verhindern, genügt es nicht, daß sich die Praxis den je= weiligen Stand der wissenschaftlichen Erkenntnis nach Möglichkeit zu eigen zu machen sucht. Nur durch die unmittelbare Mit= wirkung wissenschaftlicher Sachverständiger wird eine wirkliche Gewähr für richtiges Vorgehen geboten. Den leitenden Beamten in den Heideforsten sind daher erprobte Vertreter aller Wissens= zweige als Berater zur Seite zu stellen, und es sind Institutionen zu schaffen, die eine derartige dauernde und unmittelbare Mitwirkung der Wissenschaft sicher stellen.

Zu diesen, die forstliche Praxis unmittelbar berührenden Forderungen haben wir Forstwirte der Heide Stellung zu nehmen. Wir haben uns über ihre Konsequenzen klar zu werden, wir haben sie auf ihre innere Berechtigung zu prüfen, und wir werden uns, falls uns diese Untersuchung dahin führen sollte, sie als unberechtigt oder als undurchführbar zu verwerfen, schließlich auch der Ver= pflichtung nicht entziehen können, an Stelle der als unzulässig er= kannten Maßregeln andere, berechtigtere und durchführbare in Vor= schlag zu bringen. Denn mit dem bloßen Regieren ist hier aller= dings nichts getan. Darin wird die weit überwiegende Mehrzahl der Heideforstwirte mit Graebner ziemlich einig sein, daß unsere Waldwirtschaft hier in Nordwestdeutschland sich gegenwärtig in einer Krise befindet, die in irgend einer Weise ihren Abschluß finden muß, wenn nicht ganz unberechenbare Schäden für die gesamte Landeskultur daraus erwachsen sollen. Die alten Wege sind un= gangbar geworden, und es gilt, neue zu finden. Aussicht auf Er= folg können wir dabei nur haben, wenn wir — wie dies ja auch Graebner getan hat — zu dem natürlichen Ausgangspunkte zurückkehren, der sich in der biologischen und wirtschaftlichen Eigen= art der Heide bietet. Nur wenn über die Entstehungsbedin= gungen der Heide völlige Klarheit herrscht, dürfen wir hoffen, auch in der Behandlung der Heide und ihrer Wälder den rechten Weg zu finden. Ich möchte demgemäß versuchen, den Weg, den Graebner

auf waldwirtschaftlichem Gebiete in seinem Handbuch der Heide=
kultur gegangen ist, noch einmal zu gehen, dabei aber die Irrgänge,
in die er meiner Überzeugung nach an manchen Stellen eingelenkt
ist, zu vermeiden. Meine Aufgabe ist naturgemäß die leichtere, da
ich immerhin auf weiten Strecken dieses Weges, wo wir sachlich
übereinstimmen, der von ihm gebahnten Spur einfach zu folgen
brauche. Wenn ich zu einem wesentlich anderen Ziel gelange, bin
ich mir doch bewußt, vieles auf dem Wege dahin ihm direkt zu
verdanken.

II.

Die Unausführbarkeit der praktischen Forderungen Graebners.

Als Irrgänge, und zwar als solche gefährlichster Art, sehe ich zunächst die beiden Forderungen an, die Graebner in bezug auf die forstliche Praxis erhebt. Diese beiden Forderungen anerkennen, hieße nicht mehr und nicht weniger, als den Bankrott der Forstwirtschaft in der Heide erklären. Wäre es wirklich wahr, daß nur auf dem von Graebner gekennzeichneten Wege eine Wiederherstellung der schwer geschädigten Gesundheit unserer Heidewälder und eine Wiedereroberung der dem Walde verloren gegangenen Flächen zu erreichen wäre, so könnte eine verständige, von utopistischen Schwärmereien freie Wirtschaftspolitik in der Tat nichts besseres tun, als die noch vorhandenen Vorräte in den Heideforsten einfach auszunutzen und im übrigen die Hände in den Schoß zu legen und die Heide, als ein wirtschaftlich verlorenes Gebiet, einfach ihrem Schicksale zu überlassen. Graebner befindet sich in einem unglücklichen Irrtume, wenn er meint, daß die Empfehlung derartiger Maßregeln dazu beitragen könnte, weiteren Kreisen die Erkenntnis zu vermitteln, „daß der so verachteten Heide fortab eine größere Beachtung geschenkt werden muß, daß mehrere Millionen Hektare deutschen Bodens noch wüst und öde liegen, die wohl geeignet erscheinen, nutzbar verwendet zu werden und zahllosen Bewohnern, die heute ins Ausland wandern, Nahrung zu spenden." Möchte er sich doch nur einmal davon überzeugen, welche geradezu niederschlagende Wirkung sein Werk bei den Praktikern der Heidekultur — soweit sie ihm in der theoretischen Begründung seines Standpunktes folgen — hervorgerufen hat. Denn darüber sind sich sehr bald alle wirklich in der Praxis Stehenden klar geworden: praktisch durchführbar ist das Graebnersche Rezept nicht!

Sehen wir uns zunächst die Forderung einer allgemeinen Düngung der Forsten bezw. der aufzuforstenden Flächen näher an.

Graebner selbst ist die Rentabilität dieser Maßregeln nicht zweifel=
haft; ein näheres Eingehen auf diesen heiklen Punkt vermeidet er
aber sorgfältig. Er schreibt: „Wenn sich hier ein Verfahren finden
ließe, so würde man sicher Resultate erzielen, die das Anlagekapital
wohl verzinsen würden." Allerdings — wenn! Man wird an
das hübsche Geschichtchen von dem Oldenburger Heidebauer erinnert,
der in der Franzosenzeit von einem der importierten Präfekten ge=
legentlich in Rat genommen wurde. Auf die Frage, mit welchen
Mitteln der Armut des Landes, die nach dem Willen Seiner Kaiser=
lichen Majestät schleunigst und gründlichst in allgemeinen Wohlstand
umgewandelt werden sollte, wohl am besten abzuhelfen sei, gab er
die trockene Antwort: „Lassen Sie mal 24 Stunden Mist regnen!"
Auch heute ist das Mittel, arme Böden auf einfache und billige
Weise reich zu machen, noch nicht erfunden. Die künstliche Düngung
der Forsten ist unter den gegenwärtigen Verhältnissen zweifellos
nur in besonderen Ausnahmefällen als eine auch vom Rentabilitäts=
standpunkte aus zu rechtfertigende Maßregel anzusehen. Diesen
Standpunkt aber einfach fallen zu lassen, kann weder der Staats=
verwaltung noch dem privaten Grundbesitz zugemutet werden, mögen
die indirekten Vorteile der Walderhaltung und Waldvermehrung
auch für das hier in Frage stehende Gebiet noch so hoch ver=
anschlagt werden. Man schraubt die Welt nicht rückwärts, und den
Gang der wirtschaftlichen Entwickelung am allerwenigsten. Das
finanzielle Moment mag unter Umständen einer gewissen Abschwächung
unterliegen; hinausgedrängt wird es aus unserer Forstwirtschaft nicht
wieder werden. Von gelegentlichen Ausnahmefällen abgesehen, werden
wir also mit der Tatsache rechnen müssen: so lange das Problem
einer billigen und doch wirksamen Düngung noch ungelöst ist, werden
unsere Forsten, auch die Heideforsten, in nennenswertem Umfange
nicht gedüngt werden. Und weiter: steht es fest, daß die vor=
handenen Wälder eines bestimmten Gebietes nur durch künstliche
Zufuhr von Nährstoffen Aussicht auf Bestand haben, so ist der
Waldwirtschaft dieses Gebietes einfach das Todesurteil gesprochen.

Und ziemlich zu demselben Ergebnis·muß die zweite Graeb=
nersche Forderung führen, die auf eine Organisation oder Institution
abzielt, durch die die dauernde unmittelbare Mitwirkung der
Wissenschaft an den Arbeiten der Praxis gesichert würde. Gewiß
wäre das ein Idealzustand, wie er schöner und zweckmäßiger nicht
gedacht werden könnte. Leider ist er vorläufig nur von seiner Ver=

wirklichung recht weit entfernt — in dem gedachten Umfange vielleicht überhaupt nicht zu verwirklichen; die Aufgaben der Praxis aber stehen vor der Tür und harren auf ihre Lösung. Sollen wir warten, bis die eingehenden wissenschaftlichen Untersuchungen und Versuche, „bei denen jeder in Betracht kommende Wissenszweig an seinem Teile helfen muß," zum Abschluß gelangt sind? Gibt es überhaupt einen Abschluß, ein Fertigwerden für die Wissenschaft? Graebner erklärt: „Wenn ein kränkelnder Bestand nicht nach allen Richtungen hin wissenschaftlich untersucht werden, wenn er nicht von einem Sachverständigen für derartige Erkrankungen besichtigt und studiert werden kann, ist in zahlreichen Fällen bei den außerordentlich komplizierten Verhältnissen gerade in der Heide mit Sicherheit anzunehmen, daß der oder die wahren Gründe der Erkrankung nicht oder nur zum Teil erkannt werden." Träfe das zu, so wäre die Praxis damit allerdings bis auf weiteres zur Untätigkeit verdammt. Denn darüber ist sie sich selber genügend klar, daß die Ursache der Krankheit erkannt sein muß, ehe die Krankheit selbst erfolgreich bekämpft werden kann. Aber ist es denn richtig, daß wirklich in jedem Einzelfalle erst ein Vertreter der Wissenschaft[1]) an den unglücklichen Kümmerbestand herangebracht werden muß, damit des Übels Sitz und Wurzel erkannt werde? Graebner verkennt hier ganz, daß es sich in der Praxis ja zumeist gar nicht um die Erkenntnis der physiologischen, sondern lediglich um die der wirtschaftlichen Seite des Falles handelt. Letztere beruht allerdings auf der ersteren; aber es ist keineswegs ein unbedingtes Erfordernis, daß beide Arten der Erkenntnis bei dem ausführenden Organe vereinigt sind. Es genügt, wenn der Praktiker soweit wissenschaftlich herangebildet ist, daß er die Ergebnisse der wissenschaftlichen Forschung angemessen zu verwenden versteht, daß er also den Einzelfall in die ihm von der Wissenschaft gegebenen Kategorien und Typen richtig einzugliedern weiß.

Das alles ist so selbstverständlich, daß nur ein der Praxis völlig fremd gegenüber Stehender auf den Gedanken kommen konnte, auf diese Weise reformierend vorzugehen. Und nur durch dies Unvertrautsein Graebners mit dem wirtschaftlichen Leben ist es zu

---

[1]) Streng genommen eine ganze Akademie! Denn, wie Graebner sehr richtig sagt, „mehr als einen Wissenszweig wirklich zu beherrschen, ist für den einzelnen unmöglich."

erklären, daß er für das Gefährliche, das direkt Schädliche seiner praktischen Forderungen so gar keine Augen hat.

Freilich mit dem bloßen Nachweise, daß diese Forderungen unerfüllbar sind, ist nichts getan. Der Schwerpunkt liegt in der Frage, ob sie — ihre Durchführbarkeit vorausgesetzt — innerlich berechtigt sein würden; mit andern Worten, da sie folgerichtig aus den Grundanschauungen Graebners über die forstliche Eigenart der Heide abgeleitet sind: ob diese Anschauungen selber richtig oder unrichtig sind. Sind sie richtig, so werden wir ihre wirtschaftlichen Konsequenzen soweit ziehen müssen, daß wir resigniert dem allmählich hereinbrechenden Untergang der Forstwirtschaft in der Heide entgegen sehen und uns wenigstens davor hüten, in unnötigen, weil nutzlosen Rettungsversuchen Geld und Arbeitskräfte zu vergeuden, die anderweitig bessere Verwendung finden könnten. Sind sie falsch, so liegt uns die Pflicht ob, mit allen uns zu Gebote stehenden Mitteln gegen das weitere Umsichgreifen derartig schädlicher Ideen vorzugehen. Meiner Meinung nach hat Graebner in den wichtigsten Punkten, auf die er sich stützt, geirrt und aus unrichtigen Voraussetzungen unrichtige Schlüsse gezogen. Das Bild, daß er in forstlicher Hinsicht von der Heide entworfen hat, entspricht in seinen Hauptzügen den wirklichen Verhältnissen keineswegs.

III.

Die angebliche mangelhafte Wuchsleistung der Kulturpflanzen in der Heide.

Durch die gesamten Graebnerschen Ausführungen zieht sich wie ein roter Faden der Gedanke, daß die Hauptursache des schlechten Gedeihens der Kulturpflanzen im Heidegebiet die Nährstoffarmut der Heideböden sei. Immer wieder, in allen Teilen seines Werkes tritt uns diese These entgegen. Mit ihr steht und fällt seine Theorie von der Entstehung der Heiden, von ihren Beziehungen zu andern Pflanzenformationen, von ihrer Umwandlungsfähigkeit; mit ihr steht und fällt auch die praktische Forderung der allgemeinen Düngung der Heideforsten. Dieser These gegenüber behaupte ich und hoffe das für jeden, der nicht mit Voreingenommenheit an die Frage herantritt, überzeugend nachweisen zu können:

1. daß das schlechte Gedeihen der Kulturpflanzen, speziell der Waldbäume, in dieser Allgemeinheit überhaupt nicht aufrecht gehalten werden kann,

2. daß die Nährstoffarmut der Heideböden in dem von Graebner vorausgesetzten Umfange auch nicht annähernd zutrifft,

3. daß der Nährstoffgehalt des Bodens für die Entwicklung der Holzpflanzen in der Heide gar nicht die bedeutsame Rolle spielt, die Graebner ihm beilegt.

Die oft wiederholte Legende von der trostlosen Öde, Dürre und Unfruchtbarkeit der Heide dürfte heute eigentlich nicht mehr so ohne weiteres nachgesprochen werden. Sie entstammt einer Zeit, wo die Heide tatsächlich noch bis zu einem gewissen Grade terra incognita war und der gelegentliche Schilderer ihrer Eigenart sich seine Eindrücke im wesentlichen vom Coupéfenster aus holte. Inzwischen ist die Heide aber doch wirklich genügend aufgeschlossen,

so daß selbst der einfache Tourist sich von der Schiefheit derartiger
Urteile überzeugen kann. Für den ernsten Forscher liegt außerdem
in zahlreichen beachtenswerten Vorarbeiten ein reichhaltiges Material
vor, gesammelt von Männern, die jahrelang die Vegetationsver=
hältnisse der Heide mit Aufmerksamkeit verfolgt haben. Graebner
hat diesem Materiale anscheinend keine Beachtung geschenkt. Er
hat mit eigenen Augen sehen wollen; aber die Bilder, die er uns
vorführt, legen die Vermutung nahe, daß es bislang nur ein recht
kleiner Teil der Heide ist, über den er aus eingehender persönlicher
Anschauung urteilen kann. Anders ist es wenigstens kaum ver=
ständlich, wie er zu folgendem Ausspruche gelangen konnte:

„Jedem, der die Heidegebiete Norddeutschlands und anderer
Länder auch nur flüchtig passiert hat, muß es auffallen, daß nur
selten eine Kulturpflanze angetroffen wird, die sich in völlig nor=
maler Entwicklung befindet. Ackergewächse und noch viel mehr forst=
liche Kulturen zeigen nur in wenigen Fällen ein Aussehen, wie wir
es aus Gebieten besserer Böden gewohnt sind. Ein allgemeines
Zurückbleiben in der Größe, eine mangelhafte Stoffproduktion, früh=
zeitiges Absterben und bei den Forstgewächsen damit auch frühzeitige
Alterserscheinungen, das sind die Bilder, die sich auch dem Laien
zeigen." (H. d. H., S. 221.)

Was zunächst die landwirtschaftlichen Kulturpflanzen betrifft,
so gibt es gewiß in der nordwestdeutschen Heide Flächen, stellen=
weise auch ausgedehnte Flächen, die dem Graebnerschen Bilde
entsprechen. Damit ist aber noch nicht gesagt, daß dieses Bild
das typische der Heide wäre, dasjenige, das ihrer Eigenart am
meisten entspräche, sie von andern Flachlandsgebieten in charakteri=
stischer Weise unterschiede. Kümmerliche Äcker, Wiesen und Weiden
gibt es auch in Westpreußen, in Posen, in Brandenburg auf weiten
Flächen: Ihr Auftreten würde erst dann als etwas dem Heidegebiet
Charakteristisches aufzufassen sein, wenn es derart überwöge, daß
alle andern, besseren landwirtschaftlichen Bilder nur als Ausnahmen
anzusehen wären. So liegt die Sache aber durchaus nicht. Es
gibt auch in der Heide — und zwar nicht nur als „Oasen in der
Sandwüste", sondern ebenfalls auf weiten, ausgedehnten Flächen —
Ackerfelder, Wiesen und Weidegründe mit hervorragenden Erträgen.
Es gibt weite Landstriche in der Heide, in denen sich die ackerbau=
treibende Bevölkerung eines Wohlstandes erfreut, wie er im „Ge=
biete besserer Böden" nur sehr selten gefunden wird. Es gibt an

den Grenzen des Heidelandes gegen die Fluß= und Seemarschen
Geest=Wirtschaften in großer Zahl, die erfolgreich mit den an=
stoßenden Marsch=Wirtschaften konkurrieren können.

Die Veröffentlichungen der landwirtschaftlichen Vereine, die
Mitteilungen der Moorversuchsstation zu Bremen, die neueren amt=
lichen Feststellungen über die Bodenbenutzung, die Statistik der
Sparkasseneinlagen reden sämtlich eine ganz andere Sprache als
Graebner. Die alte Grundsteuer=Einschätzung, nach der sich das
Verhältnis des durchschnittlichen Reinertrages zwischen Geest= und
Marschland in der Provinz Hannover wie 20 : 100 stellt, darf man
freilich nicht zum Vergleiche heranziehen. Es wird kaum einen
Kreis im Gebiete der hannoverschen Heide geben, in dem sich nicht
Belege dafür finden ließen, daß Böden, die als geringes Weideland
mit einem Reinertrage von wenigen Silbergroschen pro Morgen
eingeschätzt sind, heute Ackerfelder von durchaus normaler Ent=
wicklung tragen, bei denen vom allgemeinen Zurückbleiben der land=
wirtschaftlichen Kulturpflanzen, von einer mangelhaften Stoffpro=
duktion nicht die Rede sein kann.

Völlig dem entsprechend liegt die Sache bei den Forstpflanzen.
Auch hier würde es Graebner natürlich nicht schwer fallen, für
seine Darstellung eine Anzahl beweiskräftiger Bilder vorzuweisen,
Örtlichkeiten namhaft zu machen, in denen unsere Waldbäume
kümmerten, frühzeitige Alterserscheinungen zeigten oder in stärkerem
Maße irgend welchen Krankheiten erlägen. Aber ebenso wenig wie
bei den landwirtschaftlichen Kulturpflanzen kann bei den Wald=
bäumen hier von einer Allgemein=Erscheinung gesprochen werden.
Selbst derjenige Waldbaum, dem die Boden= und klimatischen Ver=
hältnisse des nordwestdeutschen Flachlandes am wenigsten zusagen,
die Kiefer, zeigt da, wo sie unter sorgfältiger Berücksichtigung ihrer
natürlichen Existenzbedingungen angebaut ist — im Mischwalde oder
als erste Nadelholzgeneration nach Laubholz — durchweg befriedi=
gende, oft vorzügliche Wuchsleistungen, wie die Ertragsprobeflächen,
die von der forstlichen Versuchsstation in Forsten der Heide angelegt
sind, beweisen. Vollends gilt, was hier für die Kiefer zutrifft, von
den standortsgemäßeren Holzarten des Heidegebiets, den alten Kom=
ponenten des Heidewaldes: Eiche, Buche, Birke, Erle und nicht
minder von manchen im Laufe der Zeiten durch die Kultur in ihn
hinein getragenen Hölzern: Lärche, Tanne, Weimutskiefer und
einer ganzen Reihe von Exoten. Für die Fichte werden ähnliche

Einschränkungen wie für die Kiefer zu machen sein; trotzdem sind mir auch von ihr aus allen Teilen des Heidegebiets Wuchsleistungen bekannt, die keine Vergleiche mit denen anderer Waldgebiete zu scheuen brauchen. Ich habe seit Jahren relativ häufig Gelegenheit gehabt, bei den Streifzügen durch die Forsten der Heide Fach=genossen oder sonstige Kenner des Waldes zu begleiten, die die Heide zum ersten Male sahen und daher doppelt zu kritischen Ver=gleichen geneigt waren. Durchweg habe ich gefunden, daß die Ur=teile über die Wuchsleistungen unserer Wälder — sehr im Gegen=satz zu dem Graebnerschen — recht günstig ausfielen, und daß insbesondere nach dem Durchwandern größerer Strecken, die alle Extreme der Waldvegetation zur Anschauung brachten, das Gesamt=urteil sich immer wieder dahin neigte: Die Heide wird von Außen=stehenden in forstlicher Beziehung unterschätzt!

Ebensowenig wie die geringe Wuchsleistung kann die behauptete abnorm große Disposition zu Erkrankungen als Allgemein=Erscheinung bei unsern Waldbäumen zugegeben werden. Wo grobe wirtschaft=liche Fehler beim Anbau oder bei der Erziehung der Bestände ge=macht werden, darf man sich natürlich nicht wundern, wenn diese mit einer gesteigerten Empfindlichkeit gegen äußere Störungen darauf antworten. Die vielfach unter den denkbar unpassendsten Ver=hältnissen angebauten Kiefern und Fichten kränkeln freilich häufig genug. Das der Eigenart der Heide zur Last zu legen, hat aber doch nicht mehr Berechtigung, als etwa den Eichenanbau in der Provinz Brandenburg für bedenklich zu erklären, weil auf dürren märkischen Sandböden IV. bis V. Klasse keine Eichen gedeihen wollen; oder das Laubholzgebiet der Wesergebirge allgemein als waldbaulich minderwertig hinzustellen, weil die importierte Fichte dort vielfach den Erwartungen nicht entsprochen hat. Die wirklich unter voller Wahrung ihrer Standortsansprüche im Heidegebiete angebauten Holzarten zeigen hier keine stärkere Gefährdung durch ungünstige äußere Einflüsse als andernorts auch, sofern man diese Frage vom praktisch=wirtschaft=lichen, nicht vom physiologischen Standpunkt aus beurteilt. Es mag sein, daß Graebner bei der Anführung einzelner physiologischer und biologischer Tatsachen völlig recht hat; ein Urteil nach dieser Richtung hin steht dem forstlichen Praktiker nicht zu. Wohl aber wird er sich eine Anschauung darüber bilden können, ob solchen Tatsachen — ihre völlige Richtigkeit vorausgesetzt — wirklich die=jenige Bedeutung für die Wirtschaft beiwohnt, die Graebner

unterstellt und die ihre besondere Hervorhebung in einem „Hand=
buche der Heidekultur" rechtfertigt. Biologisch mag es richtig
sein, daß **Fusicoccum nocticum** in der Heide der schlimmste Feind
der nicht normal gedeihenden Eichen ist; wirtschaftlich ist das
Auftreten dieses Schädlings eine relativ gleichgültige Erscheinung,
denn die primäre Ursache des schlechten Gedeihens ist er in der er=
drückenden Mehrzahl der Fälle sicherlich nicht. Wirtschaftlich
spielt die so häufige Flechten=Bedeckung der Stämme, Äste und
Zweige eine höchst geringfügige — allenfalls symptomatische —
Rolle, und die Behauptung, daß durch Überhandnehmen des Flechten=
behangs „sehr oft" die befallenen Stämme zum Absterben gebracht
würden, wird schwerlich irgend ein Forstmann unterschreiben. Ob
die Schädigungen, die Graebner den sich vielfach bildenden dichten
Moosrasen an den Stämmen der Bäume zuschreibt, überhaupt auf=
recht zu halten sind, ist mindestens noch fraglich; für die Annahme
einer wirtschaftlichen Bedeutung dieser Schädigung fehlt es aber
an jedem Anhalt. Das gleiche gilt von der Rolle, die den knotigen
Anschwellungen und dem häufig sympodialen Wachstum der Wurzel
der Nadelhölzer zugeschrieben wird. Selbst wenn sich alle diese
und ähnliche Beobachtungen als völlig zutreffend erweisen sollten,
so fehlt doch bislang jeder Nachweis des Zusammenhanges zwischen
ihnen und dem in seinen großen Zügen durchaus nicht so schwer
erkennbaren Gesamtentwicklungsgang der Waldbestände unserer Heide=
forsten. Die Faktoren, die diesen in erster Linie beeinflussen, liegen
für jeden, der sehen will, klar genug zutage.

IV.

Die angebliche Nährstoffarmut der Heideböden.

Wenn es schwer zu verstehen ist, wie gerade ein Vertreter des
botanischen Faches zu einem so absprechenden Urteile über die Entwickelung der Kulturpflanzen in der Heide gelangen konnte, das
auch mit den Ansichten anderer namhafter Botaniker keineswegs im
Einklange steht, so ist es schon eher verständlich, obschon tatsächlich
ebensowenig berechtigt, wenn auch der durchschnittliche Nährstoffgehalt der Heideböden in dem Graebnerschen Werke so sehr unterschätzt wird. Hier kann sich der Verfasser immerhin auf ähnlich
lautende Äußerungen in bekannten bodenkundlichen Werken stützen.
Trotzdem wird die entgegenstehende Anschauung, die ich hier ver-
trete, sich mit Fug und Recht gegen Graebner direkt wenden dürfen,
der die Theorie von der Nährstoffarmut der Heideböden nicht nur
sich völlig zu eigen gemacht hat, sondern sie auch nach den verschiedensten Richtungen hin näher zu begründen und zu vertiefen
gesucht, ja man kann sagen sein ganzes Werk geradezu auf diese
Theorie basiert hat.

Für Graebner sind Heideboden und armer Boden nahezu
identische Begriffe. Diese Auffassung macht sich sowohl im allgemeinen geltend, wie speziell in der Veranschlagung der räumlichen
Verteilung der besseren und der geringeren Qualitäten auf die Ge-
samtfläche des Gebietes. Letzterer Irrtum ist der am meisten ins
Auge fallende und am leichtesten nachweisbare. Nach Graebner
übertreffen im Heidegebiete die reinen Sand- und Moorböden an
Fläche die schwereren Bodenarten — Ton-, Lehm-, Flottlehm-,
Mergel-Böden mit ihren mehr oder minder ausgeprägten Übergängen
zum Sandboden — so erheblich, daß letztere überhaupt nur als
Ausnahme anzusehen sind. Unter den Sandböden werden weiterhin
die Ortsteinböden als derartig prävalierend hingestellt, daß es allerdings als ganz naheliegend erscheinen muß, den geschichtlichen Vor-

gang der Umwandlung von Wald in Heide in der Hauptsache auf vorgängige Ortsteinbildung zu gründen. Die weitere Konsequenz dieser Theorie wäre natürlich, daß alle aus ehemaligem Waldbestand hervorgegangenen Heiden von Ortstein unterlagert sein müßten.

Von alle dem kann nun gar keine Rede sein. Wenn Graebner die Erfahrungen der Praktiker nicht gelten lassen will, die schon seit langem das ausgedehnte Vorkommen auch schwererer Boden=arten im Heidegebiete behauptet haben, so werden ihn die in den letzten Jahren mächtig geförderten Erhebungen der geologischen Landesaufnahme, die jene Behauptungen durchweg in wissenschaftlich einwandfreier Weise bestätigen, von der Unhaltbarkeit seines Stand=punktes überzeugen müssen. Es steht heute fest, daß auf weiten Flächen der Heide der Boden aus Ablagerungen von Lehm oder Flottlehm besteht, die oft mehr oder minder mit Sand gemischt, oft auch mit einer dünnen, aber keineswegs den ganzen durchwurzel=baren Raum ausfüllenden Sanddecke überlagert sind, unter Um=ständen aber auch fast rein zutage treten. Solche zusammenhängende Flächen schwererer, mineralisch reicher Bodenarten, deren Ausdehnung sich stellenweise nach Quadratmeilen bemißt, finden sich im westlichen Teile des nordwestdeutschen Heidegebiets — der „Bremer" Heide — häufiger als im östlichen, der eigentlichen „Lüneburger" Heide, fehlen aber auch der letzteren durchaus nicht. Ob und in welchem Umfange sie auch im schleswig=holsteinischen Heidegebiet vertreten sind, entzieht sich meiner Kenntnis; in dem schmalen Heidestreifen, der sich längs der Ostseeküste hinzieht, finden sie sich wieder.

Ganz haltlos ist, was Graebner über die Ausdehnung und Verteilung der Ortsteinböden angibt. Meilenweit soll sich der Ort=stein unter den Heideflächen in ununterbrochener Schicht dahinziehen! Es wäre interessant, wenn Graebner die Örtlichkeiten, wo er der=artiges wahrgenommen haben will, näher bezeichnen wollte. Im großen und ganzen ist das Auftreten des Ortsteins ein nesterweises. Zusammenhängende größere Flächen kommen zwar vor, erreichen aber, ohne daß irgend eine Unterbrechung durch ortsteinfreies Gelände ein=träte, nur ausnahmsweise die Größe eines Quadratkilometers. Weite Flächen der Heide sind überhaupt ganz frei von Ortstein.

Es muß zurzeit noch als eine Unmöglichkeit bezeichnet werden, über das Verhältnis der flächenweisen Verteilung von leichteren und schwereren Böden im Heidegebiete sowie über den Gesamtumfang der eigentlichen Ortsteinfelder positive Angaben zu machen. Nur so viel läßt sich mit Sicherheit sagen, daß auch die schwereren Böden in einem Maße vertreten sind, das es ausschließt, sie als bloße Ausnahmen zu behandeln, und daß andrerseits die Ortsteinböden ganz bestimmt gegenüber den ortsteinfreien an Fläche sehr zurücktreten. Daraus ergibt sich aber ohne weiteres, daß das wirklich Typische der Heide nicht mit den besonderen Eigenschaften der Sandböden und noch weniger allgemein mit denen der Ortsteinböden in Verbindung gebracht werden kann.

Im einzelnen stützt Graebner seine Lehre von der Nährstoffarmut des Heidebodens

1. auf die von ihm behauptete geringe Wuchsleistung der Kulturpflanzen im Heidegebiete,

2. auf die herrschende Heidepflanzen-Vegetation, die nach seinen Untersuchungen an ein nährstoffarmes Substrat gebunden sein soll,

3. auf die in der Literatur veröffentlichten Analysen von Heideböden.

Daß gelegentlicher schlechter Wuchs von Kulturpflanzen nicht als Stütze für die Annahme einer allgemeinen Bodenarmut im Heidegebiete herangezogen werden kann, ergibt sich schon aus dem einfachen Umstande, daß es sich hier eben gar nicht um eine Erscheinung von solcher Verbreitung handelt, wie Graebner sie irrtümlicherweise annimmt. Aber es ist auch nicht einmal zulässig, da, wo diese Erscheinung wirklich zutrifft, sie ohne weiteres auf mineralische Bodenarmut zurückzuführen. Wenn die Ackergewächse an manchen Stellen der Heide auffallend zurückbleiben, so können hier neben mangelnder Bodengüte doch auch noch sonstige Faktoren mitsprechen: extensive Wirtschaft, schlechte und unregelmäßige Düngung, eine vielfach rückständig gebliebene landwirtschaftliche Technik — sämtlich Folgen der dünnen Bevölkerung und der langjährigen Weltabgeschlossenheit mancher Landstriche der Heide. Wer offenen Blickes die Heide, und zwar gerade ihre ärmeren und zurückgebliebenen Teile, durchwandert, wird überall die Wahrnehmung machen, wie inmitten solcher dürftiger Ackerfelder, mäßiger Wiesen und noch mäßigerer Weiden sich, bald hier bald dort, doch auch die Wirkung intensiverer, rationellerer Kultur seitens eines vorgeschrittenen Wirtschafters geltend macht. So viel ist richtig: die Heide ist kein bequemes Arbeitsfeld. Sie hat ihre Mucken und Nücken; sie will sehr eingehend studiert, sehr sorgfältig behandelt werden, wenn sie ihrem Kultivator die aufgewandte Mühe durch hohe Erträge lohnen soll. Wo sie sie aber hartnäckig verweigert, möge zunächst ernstlich geprüft werden, ob auch tatsächlich alle Vorbedingungen im Betriebe erfüllt sind, ehe man die Armut des Bodens für den schlechten Ausfall der Ernten verantwortlich macht.

Das gilt in noch weit höherem Grade vom forstlichen Betriebe. Gehört es bei landwirtschaftlich benutzten Flächen immerhin zu den Ausnahmen, daß nachweisbar reiche Böden dürftige Erträge liefern, so bieten uns die Forsten der Heide zahlreiche Belege dafür, daß mangelhafte Produktionsleistung, sich häufende Erkrankungserscheinungen, frühzeitiges Absterben auch auf reicheren Böden auftreten, und zwar keineswegs nur vereinzelt. Es sei mir gestattet, zur näheren Illustration einige derartige Belegstücke vorzuführen, die durchaus nicht etwa Ausnahmefälle darstellen und nur deshalb herausgegriffen sind, weil ich zufällig in der Lage war, die Entwickelung gerade dieser Bestände während einer längeren Reihe von Jahren ununterbrochen im Auge zu behalten.

In allen Fällen handelt es sich um kümmernde, unter Kalamitäten aller Art leidende Kiefernbestände mit durchaus mangelhafter Massenproduktion und schlechten Stammformen.

Bestand Nr. I (Oberförsterei Neubruchhausen, Abt. 23), auf sandigem Flottlehm stockend, mit Diluviallehm im Untergrunde, ist aus Heideaufforstung hervorgegangen, zur Zeit 62jährig, durch Stammtrocknis stark gelichtet. Nach Mittelhöhe und Massengehalt (letzterer nach den wenigen noch geschlosseneren Bestandespartien ermittelt) steht er zwischen der IV. und V. Ertragsklasse. Der Boden ist mit einem dichten Polster von Heidelbeeren, Preißelbeeren, Heide und Moos bedeckt, unter dem sich eine Rohhumusschicht von 2 bis 3 cm Stärke befindet. Dieser Boden ist analysiert worden, und es sind durch Auszug mit kochender konzentrierter Salzsäure bei einstündiger Einwirkung nachstehende Nährstoffmengen ermittelt:

	in etwa 10 cm Tiefe	in etwa 40 cm Tiefe
Kalk	0,04 %	Spur
Magnesia	0,10 „	0,18 %
Kali	0,08 „	0,05 „
Phosphorsäure	0,03 „	0,03 „

Abgesehen vom Kalke enthält der Boden also die für die Waldbäume wichtigsten Nährstoffe in solcher Menge, daß er unbedingt als „reich" im Sinne eines Waldbodens angesprochen werden muß. Probeweise ist der Bestand auf einer kleinen Fläche auf

Buche verjüngt worden; die jetzt 12jährige Dickung zeigt vorzüglichen Wuchs. Ein unmittelbar an den Bestand anstoßender Rest der ehemaligen Heidefläche ist später in Ackerland umgewandelt und repräsentiert gegenwärtig einen Ertragswert von etwa 1500 Mark pro ha.

Bestand Nr. II (Oberförsterei Neubruchhausen, Abt. 79), ebenfalls aus Heideaufforstung hervorgegangen, ist zurzeit 72jährig und entspricht nach Mittelhöhe und Massengehalt der V. Ertragsklasse. Der Boden ist annähernd reiner Flottlehm, die lebende Decke ziemlich die gleiche wie vorher, die Rohhumusschicht etwas stärker. Hier wurde vor 15 Jahren mit der eigentlichen Verjüngung begonnen, nachdem bereits 20 Jahre früher ein gruppen= und horstweiser Unterbau von Buche und Tanne versucht war. Diese letzteren Unterbaupartien hatten unter dem Drucke der Kiefer stark gekümmert; ihre Durchschnittshöhe betrug im 20jährigen Alter etwa 4 m. Immerhin waren sie am Leben geblieben. Diese ursprünglich nur als Bodenschutz gedachten und demgemäß behandelten Partien wurden nunmehr freigestellt, und im übrigen die Verjüngung auf Eiche, Fichte, Tanne und Lärche in vorwiegend horstweiser Verteilung durchgeführt. Resultat: die jetzt 35jährigen Buchen= und Tannen=Vorwuchspartien haben die noch vorhandenen Reste des 72jährigen Kiefernaltholzes im Höhenwuchse bereits vielfach überholt, während der jüngere, bis 15jährige Nachwuchs, der von Jugend an ohne stärkeren Schirmdruck erwachsen ist, so ausgezeichnete Wuchsleistungen zeigt, daß er voraussichtlich schon in weiteren 10 Jahren die gleiche Höhe erreicht haben wird. Es ist also evident, daß der ungenügende Wuchs der Kiefern nicht auf Nährstoffmangel zurückzuführen ist.

Bestand Nr. III (Gräflich Bremersche Forst Westerberg, Abt. 17) — etwa 80jährige Kiefern IV. bis V. Ertragsklasse — stockt auf altem Waldboden, der aber augenscheinlich früher durch Plaggenhieb oder übertriebene Streunutzung devastiert ist. Die Bodenart ist schwach anlehmiger Sand; im Untergrunde steht Diluviallehm an. Im Jahre 1889 wurde ein Teil dieses Bestandes verjüngt. Der aus Douglastannen in Mischung mit Buchen bestehende Jungwuchs zeigt jetzt, im 22jährigen Alter (die Douglastannen wurden 5jährig ausgepflanzt), Stammstärken bis zu 25 cm Brusthöhendurchmesser und Höhen bis zu 13 m. Die ganze Erscheinung dieses Bestandes gibt regelmäßig zu der Vermutung Anlaß, daß es sich um einen durch Düngemittel künstlich getriebenen handele, was aber nicht zutrifft. Der enorme Gegensatz zwischen dem Wuchse der Kiefern einerseits, der Buchen und Douglastannen andrerseits ist augenscheinlich nur darauf zurückzuführen, daß letztere hier standortsgemäße Holzarten sind, erstere nicht.

Bestand Nr. IV endlich (Bremersche Forst Altkehdingen, Abt. 10) war ein auf reinem, grobkörnigem Sande erwachsener Kiefern- und Fichten-Mischbestand, der seines völlig stockenden Zuwachses wegen vor 9 Jahren — damals etwa 35- bis 40jährig — zur Verjüngung bestimmt wurde und ursprünglich kahl abgetrieben werden sollte. Probeweise wurde dann der Versuch gemacht, nur die Kiefern heraus zu hauen, die Fichten aber zu belassen und die entstehenden Lücken mit Weimutkiefern zu füllen. Obwohl nun die Fichten unter dem bisherigen Kieferndruck völlig verbuttet zu sein schienen und nicht über eine Höhe von 3 bis 4 m hinausgewachsen waren, haben sie sich doch nach ihrer Freistellung so völlig erholt, daß der Bestand heute den Eindruck eines zwar ungleichaltrigen, aber durchaus wuchskräftigen jüngeren Stangenorts macht. Wenn die durchschnittliche Bonität des Gesamtbestandes vor dem Kiefernaushiebe auf IV. bis V. Klasse angesprochen werden mußte, würde man jetzt geneigt sein, ohne Kenntnis seiner Vorgeschichte, ihn auf Grund seines gegenwärtigen Wuchses für einen etwa 30jährigen Bestand II. Klasse zu halten.

Derartige Beispiele, wo es lediglich des Wechsels der Holzart bedarf, um dem Boden Erträge abzunötigen, die er bis dahin hartnäckig verweigert hat, lassen sich in den Heideforsten unendlich häufig nachweisen. Sie zeigen deutlich, daß es nichts Gewagteres geben kann, als die Bodengüte – geschweige denn den Mineralstoffgehalt des Bodens — lediglich nach Maßgabe der Produktionsleistung des zufällig darauf stockenden Bestandes zu beurteilen. Am wenigsten wird das zulässig sein, wenn der Bestand von einer Holzart gebildet wird, die sich den gegebenen Verhältnissen des Wuchsgebietes so wenig anzupassen vermag, wie dies bei der Kiefer in Nordwestdeutschland der Fall ist.

In andern Fällen sind es technische Fehler bei der Begründung oder der Pflege der Bestände oder störende Eingriffe in die Waldnatur, die den mangelhaften Wuchs verursacht haben. Eiche und Buche finden, wie Beispiele beweisen, auf den meisten Heideböden einen ihnen durchaus zusagenden Standort; trotzdem sind

Kümmerbestände dieser Holzarten im Heidegebiete keine Seltenheit. Ist man in der glücklichen Lage, die Entwicklungsgeschichte solcher Bestände genau verfolgen zu können, so findet sich eine Erklärung für das Versagen meist in überraschend einfacher Weise. Aus Heisterpflanzungen, die ohne sachverständige Aufsicht von handdienst= pflichtigen Bauern ausgeführt wurden, zu denen das Kulturmaterial unter Umständen mit von den Pflichtigen — „aus des Dorfes Heisterkranz" — geliefert werden mußte und vor der Pflanzung vielleicht stundenlang mit ballenloser, unbedeckter Wurzel in der Sonnenglut dalag — aus Kulturen, die dem Weidevieh offen stan= den — aus Stangenorten, die durch Streu= und Dürrholz=Servi= tuten ruiniert wurden, konnten naturgemäß keine gesunden, ge= schlossenen, ertragsreichen Altholzbestände erwachsen, so wenig wie aus übersäeten Nadelholzkulturen auf mangelhaft bearbeitetem, nie gepflegtem Boden. Wiederum in andern Fällen hat massenhafter Wasserentzug aus dem Walde — die Folge unzähliger Fluß= und Bachregulierungen — Bestände, die ursprünglich unter günstigeren Bedingungen erwachsen wären, nachträglich zum Kümmern gebracht. Vor allem aber ist die durch den so beliebten Nadelholzanbau auf ehemaligen Buchenstandorten enorm gesteigerte Rohhumusansamm= lung zu einem Wuchshemmnis gefährlichster Art geworden. Man braucht sich wirklich nur etwas eingehender in die Geschichte der Waldwirtschaft Nordwestdeutschlands während der letzten anderthalb Jahrhunderte zu vertiefen, um alsbald den Schlüssel dafür in der Hand zu haben, warum hier — neben manchen noch heute wuchs= kräftigen und gesunden Beständen — doch auch so viele erkrankte und zurückgebliebene angetroffen werden. Keine andere Gegend Deutschlands hat in so kurzer Zeitspanne so starke Umwälzungen in den Bewaldungsverhältnissen erfahren wie das nordwestdeutsche Flachland, das aus einem waldreichen Gebiete zu einem ausgeprägt waldarmen, aus einem fast reinen Laubholzgebiete zu einem vor= wiegenden Nadelholzgebiete geworden ist. Und diese Wandlung hat sich nicht allmählich und organisch, sondern durchweg in rascher und sprunghafter Form, ohne die feste Grundlage einer langjähri= gen örtlichen Erfahrung vollzogen. Die ganze Forstwirtschaft des nordwestdeutschen Flachlandes hat dadurch etwas Unruhiges, Un= sicheres, Tastendes bekommen, das auch von ihren besten und klar= blickendsten Vertretern stets als solches empfunden und anerkannt ist. Wir befinden uns in Nordwestdeutschland noch heute in einer

Übergangsepoche. Wenn solche Epochen reicher als andere an Fehl=
griffen, Irrtümern, mißglückten Versuchen sind, ist dies nicht zu
verwundern, braucht auch den Urhebern dieser letzteren durchaus
nicht zur Unehre zu gereichen, sondern beweist nur, daß Routine
und Schablone hier weniger als anderswo Gelegenheit gefunden
haben, wohlfeilen Ruhm einzuernten.

Berücksichtigt man alle diese Punkte, so bedarf es wahrlich
nicht der Aufstellung einer besonderen neuen Hypothese, um das
Mißlingen vieler Kulturen, das Kümmern mancher Bestände, das
häufige Auftreten von Krankheitserscheinungen in den Forsten des
Heidegebiets verständlich zu machen. An sich wäre es ja nicht un=
denkbar, alle diese Vorkommnisse mit Bodenarmut in ursächliche
Verbindung zu bringen — sofern diese Bodenarmut nur vor=
her schon konstatiert wäre! Nicht aber wird man, ohne weitere
Belege und Anhaltspunkte, nun umgekehrt aus solchen Erscheinungen
auf vorhandene Bodenarmut schließen dürfen.

Graebner führt daher als weiteres Argument für die be=
hauptete Bodenarmut im Heidegebiet die entschiedene Vorherrschaft
der Heidepflanzen=Vegetation an. Er geht dabei von der Voraus=
setzung aus, beziehungsweise sucht den Nachweis dafür zu führen,
daß die ungestörte und kräftige Entwicklung speziell von **Calluna**
und **Erica** an das Vorhandensein eines nährstoffarmen Substrats
gebunden sei. Da ich gegen diese Ansicht Graebners schon bei
einer anderen Gelegenheit — in der oben erwähnten, nur für einen
beschränkten Leserkreis bestimmten Broschüre über „Heideaufforstung“
— eingehend Stellung genommen habe, der Vollständigkeit halber
aber nicht umhin kann, die Gegengründe auch hier nochmals auf=
zuführen, möge es mir gestattet sein, die betreffende Stelle wörtlich
zu wiederholen.

„Soweit der Stand unserer heutigen Erfahrungen auf diesem
Gebiete einen Abschluß gestattet, scheint der Umstand, daß die typi=
schen Heidepflanzen in einem bestimmten Gebiete[1]) die entschiedene
Vorherrschaft erlangen, an folgende Voraussetzungen geknüpft zu
sein: ziemlich hohe und vor allen Dingen gleichmäßige Luftfeuchtig=
keit; ziemlich hoher Lichtgenuß; häufig und stark wechselnder Feuch=
tigkeitsgehalt im Boden; verringerter Luftzutritt zum Boden; stärkere
Verdichtung der oberen Bodenschicht. Diese fünf Faktoren, unter denen

---

[1]) Um Mißverständnissen vorzubeugen, möchte ich hier nachträglich ein=
fügen: zeitweilig.

jedoch eine partielle, bezüglich der drei letzteren vielleicht sogar eine totale gegenseitige Ersetzbarkeit obwaltet, sind bestimmend für das Auftreten der Mehrzahl der Heidepflanzen, in erster Linie von Calluna und Erica. Dabei darf nicht übersehen werden, daß die klimatischen Faktoren positiver, die den Boden betreffenden negativer Art sind, und beide Arten daher in ganz verschiedener Richtung wirken. Die klimatischen Faktoren befördern das Gedeihen der Heidepflanzen direkt; je nach dem Grade ihres Abweichens vom Optimum wird ein Nachlassen des Wuchses stattfinden, bis die betreffenden Pflanzen schließlich ganz aus dem Pflanzenverbande des Gebiets verschwinden. Die den Heidewuchs begünstigenden Bodenverhältnisse wirken dagegen nur als indirekte Förderer. Sie steigern nicht die Wuchsenergie der Heidepflanzen, sondern sie verringern diejenige konkurrierender Gewächse und verhelfen so tattächlich der minder anspruchsvollen Heide zur Herrschaft. Sehr belehrend nach dieser Richtung hin ist ein von Borggreve angestellter, in den „Forstlichen Blättern", Jahrgang 1892 veröffentlichter Versuch. Danach sind im Mündener botanischen Garten drei lange Beete fußtief mit Kalk, mit Sand und mit Moorerde überfahren und der Länge nach in einer Mittelreihe mit Heide- und Heidelbeerplaggen belegt, dann an beiden Enden durch Jäten der Gartenunkräuter rein gehalten, in der Mitte aber nicht. Nach wenigen Jahren hat sich ergeben, daß Heide und Heidelbeeren in der Mitte völlig verdämmt waren, und zwar nicht nur auf den Kalk- und Sandbeeten, sondern auch auf dem Moorerdebeete, während sie auf den Enden in allen drei Fällen das ganze Beet überwuchert hatten. Der Vorgang beweist deutlich, daß die Heidepflanzen nicht etwa den für die Pflanzenentwicklung im ganzen minder günstigen Heideboden „lieben", sondern nur, daß sie imstande sind, auf ihm die Konkurrenz anderer Gewächse zu überwinden, was ihnen auf besserem Boden wegen der geringeren Fähigkeit, das Gebotene allseitig auszunutzen, ohne künstliche Hilfe unmöglich ist.

„Daß ausschließlich die erwähnten fünf Faktoren ohne Mitwirkung einer sonstigen Ursache bestimmend für das Auftreten der Heide sind, ist daraus zu entnehmen, daß mit ihnen sich alle Erscheinungen im Vegetationsleben der Heide einfach und ohne Zwang erklären lassen.

„Die Theorie, daß das Vorhandensein eines nährstoffarmen Substrats unbedingtes Erfordernis für das Gedeihen der

Heidepflanzen sei, gerät nicht nur mit den Tatsachen, sondern auch mit sich selbst in Widerspruch, wie an ihrem konsequentesten Vertreter, Graebner, kurz nachgewiesen werden möge. Wenn Graebner, trotz seines unbedingten Festhaltens an der Forderung des nährstoffarmen Substrats, doch zugibt, daß unter Umständen auch Heidebildung auf schweren Böden stattfände, so läßt sich dies allenfalls durch die Unterstellung erklären, daß diese Böden ausgelaugt und dadurch wenigstens in ihrer oberen Schicht nährstoffarm geworden seien. Zum Entstehen von Heidewuchs auf Lehmböden müßte dann aber ein solcher Grad von Auslaugung vorausgesetzt werden, daß das Nährsalzquantum mindestens unter dasjenige eines besseren, nicht heidewüchsigen Sandbodens gesunken wäre. Wer jemals mit offenem Auge die Heidebildung auf besseren Waldböden bei unvorsichtiger Freilage, auf brach liegendem bisher gut gedüngtem Ackerlande oder auf sonstigen nach gemeiner Anschauung nicht gerade als arm geltenden Böden verfolgt hat, kann nicht im Zweifel darüber geblieben sein, daß sich der Prozeß der Verheidung viel zu rasch abspielt, als daß die Niederschläge inzwischen eine so gründliche Verminderung des Nährstoffquantums bewirkt haben könnten. Ebensowenig ist es richtig, daß einfache Düngung immer genügt, die Heidevegetation zum Verschwinden zu bringen. In der Regel pflegt ja eine Düngung neben der Nährstoffmenge des Bodens auch seine Lagerungsverhältnisse günstiger zu gestalten und wesentlich mit dadurch einer Anzahl bis dahin konkurrenzunfähiger Pflanzen zur besseren Entwicklung und zur Verdrängung der Heidepflanzen zu verhelfen; wo aber Düngung ohne gleichzeitige Bodenverwundung stattfindet, und man es gleichzeitig mit einem bereits kräftig entwickelten Heidewuchse zu tun hat, kann die bloße Zufuhr von Nährstoffen unter Umständen sogar noch eine direkte Steigerung dieser Entwicklung hervorrufen. Graebner ist freilich der Ansicht, daß eine stärkere Nahrungszufuhr unter allen Umständen zerstörend auf die Heidepflanzen, in der Art eines Pflanzengiftes, wirke, und will dies durch mehrfach ausgeführte Kulturversuche erwiesen haben. Es muß sich dann wohl um Quantitäten gehandelt haben, wie sie in gewachsenen Böden gewöhnlich nicht vorkommen. Andernfalls wären seine Ergebnisse weder mit denen anderweitig angestellter Experimente, wie mit dem oben erwähnten Borggreves, noch mit den in Heidegebieten täglich zu machenden Wahrnehmungen in Einklang zu bringen.“

Ich möchte diesem schon früher Ausgesprochenen als Ergänzung noch hinzufügen, daß auch der von Graebner wiederholt als Autorität zitierte Botaniker der Moorversuchsstation zu Bremen, **Dr. C. A. Weber**, bei einem exakten Laboratoriumsversuche **Calluna** in bester Entwicklung auf einem ausgeprägt mineralstoffreichen Substrat erzogen hat[1]). Ich selbst habe vor einiger Zeit in meinem Garten auf äußerst kräftigem Boden eine üppige **Calluna**-Wucherung einfach dadurch hervorgerufen, daß ich ein vereinzeltes, in den Grasrasen verirrtes Heidepflänzchen durch bloße Schonung der betreffenden Rasenstelle gegen Sichel und Harke zur kräftigen Entwicklung und in den nächstfolgenden Jahren zur entsprechenden Vermehrung brachte: die Heide ward Siegerin, sobald der Boden völlig sich selbst überlassen blieb. Daß eine kräftige Düngung mit Kainit und Thomasmehl unter Umständen imstande ist, den Heidewuchs außerordentlich zu fördern, beweisen eine Anzahl von Kulturversuchsflächen in der Oberförsterei Neubruchhausen, wo diese Erscheinung als unerwünschte Nebenwirkung auftritt.

Die Theorie von der grundsätzlichen Gebundenheit der Heidevegetation an nährstoffarme Substrate ist nicht aufrecht zu halten. Die zurzeit mit Heide bewachsenen Böden sind vielmehr von außerordentlich wechselndem Nährstoffgehalt, und wenn wirklich der ärmere Boden im ganzen überwiegt, so wird das in der Hauptsache wohl daran liegen, daß der reichere eben schon früher in Kultur genommen ist — auch er war aber vormals zu einem großen Teile sicherlich Heideboden. Wie viele ausgedehnte Flächen habe ich selbst noch in Heide liegen sehen, die heute üppige Kornfelder oder Kleeweiden tragen; wie oft komme ich noch jetzt in die Lage, als zugezogener Sachverständiger auf Grund von Bodenuntersuchungen einfachster Art die Urbarmachung von Heideflächen befürworten zu müssen, die bis dahin als unproduktiv, den Anbau nicht lohnend, galten.

Daß die Anbaufähigkeit schließlich eine Grenze hat, soll selbstverständlich nicht bestritten werden. Für **landwirtschaftliche** Nutzbarmachung wird diese Grenze allerdings nicht auf chemischmineralogischem Gebiete gesucht werden dürfen. Es ist ein hohes Verdienst der unlängst erschienenen „Bodenkunde für Land- und Forstwirte" von **Mitscherlich**, in überzeugender Weise nachgewiesen zu haben, wie die landwirtschaftliche Benutzung eines Bodens in erster

---

[1]) Vergl. **Weber**, Vegetation und Entstehung des Hochmoors von Augstumal. 1902, S. 150.

Linie auf seinen physikalischen Eigenschaften beruht. Was die land=
wirtschaftlichen Kulturgewächse dem Boden an Mineralstoffen ent=
nehmen, soll ja — wenigstens im normalen Betriebe und abge=
sehen von den immerhin einen gewissen Ausnahmefall darstellenden
Marsch= und Aue=Böden — durch die im Wirtschaftsbetriebe zu=
geführten Düngestoffe regelmäßig wieder ersetzt werden. Die Auf=
nahmefähigkeit für diese Stoffe, nicht .die Höhe des eigenen Gehalts
an Nährstoffen ist daher für den Landwirtschaftsbetrieb vornehmlich
entscheidend. Anders liegt die Sache bei der Forstwirtschaft. Die
Waldbäume zehren tatsächlich vom Bodenkapitale. Wir haben hier
also unter Umständen mit Grenzwerten zu rechnen, und insofern
spielt die chemische Analyse der Böden forstlich allerdings eine ge=
wisse Rolle — wenn sie auch, wie ich glaube und weiter unten
nachzuweisen versuchen will, vielfach überschätzt wird. Die von
Graebner, als letztes und zwingendstes Argument für die Nähr=
stoffarmut der Heideböden, mitgeteilten Bodenanalysen erfordern
also gewiß unsere volle Beachtung. Es fragt sich nur, ob sie tat=
sächlich das beweisen, was mit ihrer Wiedergabe bewiesen werden soll.

Als präzise, scharf abgegrenzte Gegensätze lassen sich die Be=
griffe nährstoffreicher und nährstoffarmer Boden überhaupt nicht
hinstellen. Will man aber andrerseits mit diesen Begriffen nicht
völlig in der Luft schweben bleiben und jede Diskussion, die sich
ihrer bedienen muß, dadurch von vornherein zur Unfruchtbarkeit
verurteilen, so muß man sich über irgend eine, mehr oder weniger
nach Willkür gewählte Grenze einigen. Die für die Forstwirtschaft
bedeutsamsten Untersuchungen über den Mineralstoffgehalt der Böden
sind wohl die von Schütze und von Ramann angestellten. Da
letzterer die von Schütze für diluviale Sandböden ermittelten Zahlen
im wesentlichen anzuerkennen scheint, so wird man im Sinne dieser
beiden Forscher — denen Graebner hier ebenfalls folgt — den
Begriff „mineralstoffarme Böden" etwa so fixieren dürfen, daß
darunter diejenigen Böden verstanden werden, die in bezug auf
Mineralstoffgehalt der Schützeschen IV. und V. Klasse entsprechen,
also Böden, deren Gehalt an

in Salzsäure löslichem Kalk	0,0270 % oder darunter			
„ „ löslicher Magnesia	0,0505 „	„	„	
„ „ löslichem Kali	0,0241 „	„	„	
Phosphorsäure (Gesamtgehalt)	0,0299 „	„	„	

beträgt.

Die beiden von Graebner mitgeteilten Analysen (nach Ramann) weisen nun zweifellos einen sehr armen Boden nach. Aber Graebner bleibt jeden Beweis dafür schuldig, daß diese Böden irgendwie typisch für die Verhältnisse des Heidegebiets wären. Die Stelle, von der die Bodenprobe der einen dieser beiden Analysen entnommen ist (Lüneburger Heide bei Oerrel) kenne ich aus eigener Anschauung; sie kennzeichnet sich schon durch den darauf befindlichen Pflanzenwuchs, im Vergleich zu dem der näheren und weiteren Umgebung, als einen Ausnahmestandort ungünstigster Art. Vermutlich wird es im zweiten Falle ähnlich liegen, denn augenscheinlich ist ja auch diese Analyse zu dem ausgesprochenen Zwecke gemacht, die Beschaffenheit eines typischen Ortsteinbodens näher nachzuweisen. Graebner identifiziert hier wieder ganz einfach Heideböden und Ortsteinböden! Solcher unzulässigen Verallgemeinerung eines Ausnahmefalles gegenüber möchte ich nur auf das reichhaltige Untersuchungsmaterial über Heideböden jeder Art verweisen, das von der Moorversuchsstation zu Bremen gesammelt ist. Nach einer mündlichen Mitteilung des Vorstehers derselben, Herrn Professors **Dr. Tacke**, bestätigen diese Analysen, deren eingehende Zusammenstellung und Veröffentlichung unmittelbar bevorsteht, durchaus, daß in bezug auf Mineralstoffgehalt — abgesehen von dem Gehalte an Kalk, der allerdings fast durchweg sehr niedrig ist — von irgend welcher Einheitlichkeit oder Regelmäßigkeit nicht die Rede sein kann, daß das Heidegebiet vielmehr mineralisch arme und mineralisch reiche Böden aufzuweisen hat, ohne daß sich heute schon entscheiden ließe, in welchem Maße beide an dem Gesamtareale partizipieren. Letztere Frage wird voraussichtlich erst von der fortschreitenden geologischen Landesaufnahme erschöpfend gelöst werden. Das einzige, das auch heute schon mit einiger Sicherheit ausgesprochen werden kann, ist, daß weder der eine noch der andere Fall ausgeprägt genug vorherrscht, um als direkt typisch angesehen zu werden.

V.

Die Bedeutung des Mineralstoffgehalts des Bodens für die Produktionsleistung der Waldbäume.

Mit dem Ergebnis, daß keineswegs das alte Heidegelände oder auch nur ein erheblich überwiegender Bruchteil davon als nähr= stoffarm (im Sinne Schützes und Ramanns) anzusehen ist, ge= winnt das Gesamtbild schon ein ganz anderes Aussehen. Mußte nach der Graebnerschen Auffassung die Zukunft der Heideauf= forstung wie überhaupt des Heidewaldes ziemlich aussichtlos er= scheinen, sofern es nicht gelänge, ein einfaches und billiges, also im großen anwendbares Düngungsverfahren ausfindig zu machen, so scheidet jetzt doch schon ein namhafter Teil der betreffenden Heide= und Waldflächen ohne weiteres aus dieser traurigen Perspektive aus. Immerhin bliebe das Gebiet der von der weiteren Urbar= machung ausgeschlossenen oder nur mit Verlust zu bewirtschaftenden Flächen groß genug, um uns über die weitere Zukunft der Heide und ihrer Wälder mit Sorge zu erfüllen — wenn es wirklich zuträfe, daß der Mineralstoffgehalt im Boden die maßgebende Rolle bei der Entwickelung der Holzpflanzen spielte, die Graeb= ner ihm beimißt.

Die Streitfrage tritt damit aus ihrem lokalen Rahmen heraus. Bekanntlich stehen sich seit langem zwei Richtungen in der Wald= baulehre schroff gegenüber, von denen die eine der chemischen Zu= sammensetzung des Bodens nur eine geringfügige, der physikalischen Beschaffenheit dagegen entscheidende Bedeutung beilegt, während die andere umgekehrt in dem Mineralstoffgehalt des Bodens den gewichtigsten Faktor der Bodengüte erblickt. Als ausgeprägteste Vertreter dieser beiden Richtungen können unter den Forstleuten wohl Gustav Heyer und Borggreve gelten; neuerdings ist die

Heyersche Richtung besonders nachdrücklich auch von dem leider zu früh verstorbenen Oberforstmeister Arndt zu Hannover verfochten.

Die Streitfrage liegt zu sehr auf bodenkundlich=wissenschaftlichem Gebiete, als daß ihre endgültige Entscheidung von den Forstleuten zu erwarten wäre. Immerhin werden die Forstleute den berufenen Vertretern der Bodenkunde noch manches Material zu liefern haben, ehe diese sich dazu entschließen werden, das letzte Wort zu sprechen. Lediglich als derartiges Material mögen auch die nachfolgenden Ausführungen aufgefaßt werden. Vielleicht sind gerade die Bodenverhältnisse des Heidegebiets in besonderem Maße geeignet, zur Klärung der Frage beizutragen, weil hier häufiger als anderswo der Fall einer fast völligen Ausschaltung des einen oder des andern Wachstumsfaktors auf engerem Vergleichsfelde vorliegt.

Die Beobachtungen, die der Forstwirt der Heide über die Beziehungen zwischen Mineralstoffgehalt des Bodens und Produktionsleistung der Waldbäume anzustellen Gelegenheit hat, lassen nun großen Zweifel daran aufkommen, ob das Gesetz, das von Schütze aufgestellt, von Ramann im wesentlichen bestätigt ist, daß nämlich in diluvialen Sandböden der Mineralstoffgehalt der zumeist bestimmende Faktor der Fruchtbarkeit ist, für das hier in Frage kommende Wuchsgebiet aufrecht gehalten werden kann. Diese Beobachtungen führen ferner zu dem Schlusse,

a) daß der Mindestbedarf unserer Hauptholzarten, Kiefer, Fichte, Tanne, Buche, Eiche, wesentlich tiefer liegt, als dies bisher im allgemeinen angenommen wurde,

b) daß die — zweifellos stets vorhandene — Differenz zwischen Bedarf und Anspruch bei diesen Holzarten wesentlich durch physikalische Faktoren bedingt ist und bei sehr günstiger Gestaltung derselben bis auf ein Minimum herabgehen kann.

Wie unsicher die Rückschlüsse aus den Wuchsleistungen der Bestände auf den Minteralstoffgehalt des Bodens unter Umständen sein können, wurde schon oben näher ausgeführt. Wollte man für die Böden des nordwestdeutschen Flachlandes ähnliche Untersuchungen anstellen, wie sie Schütze für märkische Sandböden ausgeführt hat, und dabei die Ertragsklassen für Kiefer ebenfalls nach den tatsächlich vorhandenen Massen oder Mittelhöhen bilden, so würde wahrscheinlich jede Spur von Gesetzmäßigkeit in den Beziehungen zwischen Ertrag und Mineralstoffgehalt des Bodens verloren gehen. Die tägliche Praxis zeigt uns auf Schritt und Tritt, wie derselbe Boden, sobald er durch wirtschaftliche Maßregeln in seiner Struktur, seinem Feuchtigkeitsgehalte, seinen Durchlüftungs= und Erwärmungsverhältnissen auch nur anscheinend geringfügige Änderungen erfährt, unter Umständen völlig veränderte Produktionsverhältnisse zeigt. Wir sehen, wie einerseits Kümmerbestände durch frohwüchsige Verjüngungen abgelöst werden, andrerseits wie die Nachzucht einer bis dahin frohwüchsigen Holzart mehr und mehr versagt, ohne daß wesentliche Änderungen in der chemischen Zusammensetzung des Bodens stattgefunden hätten. Wir sehen ferner, wie Böden von nachgewiesenermaßen stärkster Verschiedenheit im Mineralstoffgehalt nicht selten gleiche Massenproduktion haben. Wir finden endlich fast in jedem Heidereviere Beispiele dafür, daß unter Umständen auf mineralisch reicheren Böden schlechtwüchsige, massenarme, auf mineralisch ärmeren gutwüchsige und massenreiche Bestände erwachsen; oder daß auf demselben Boden, auf dem eine anspruchslose Holzart kümmert, die anspruchsvolle normal gedeiht. Als Belege — die sich aber in beliebiger Menge aus allen Teilen des Heidegebiets vermehren ließen — möchte ich einerseits den oben erwähnten 62 jährigen Kiefernbestand IV. bis V. Klasse (Jagen 23 der Oberförsterei Neubruchhausen) mit einem Boden, der hinsichtlich des Gehalts an Kali und Magnesia die Schützesche I. Klasse übertrifft, an Phosphorsäure sich annähernd mit der Schützeschen III. Klasse deckt und nur im Kalkgehalt hinter ihr zurückbleibt — andrerseits den im Novemberheft 1905 der Zeitschrift für Forst= und Jagdwesen von Dr. Tacke, dem Vorsteher, und Dr. Weber, dem Botaniker der Moorversuchsstation zu Bremen, näher beschriebenen „alten, gutgewachsenen Rotföhrenbestand über hartem und starkem Ortstein" anführen. Dieser letztere Bestand (Oberförsterei Rotenburg im Regierungsbezirk Stade, Abteilung 135 b), der seiner Masse nach zwischen der II. und III. Ertragsklasse steht und dessen Wuchs als „hervorragend" bezeichnet wird, stockt auf einem Boden, dessen Gehalt an Kalk, Kali und Phosphorsäure annähernd dem der V. Schützeschen Klasse entspricht. Die genannten beiden Forscher gelangen denn auch am Schlusse ihres Artikels zu dem Ergebnisse: „Jedenfalls beweisen die vorstehenden Darlegungen, daß nicht ein besonders hoher Gehalt des Bodens im Jagen 135 b an Pflanzennährstoffen die Ursache

für die überraschend gute Entwickelung des Bestandes auf dem=
selben sein kann, und lassen es andrerseits rätlich erscheinen, die
Skala für die Bodenbonitierung auf Grund der chemischen Analyse,
vielleicht auch die Zahlen für die Nährstoffentnahme durch die
Kiefer für die Verhältnisse des nordwestdeutschen Heidegebiets einer
Revision zu unterziehen."

Eine ähnliche Indifferenz, wie sie hier und in vielen anderen
Fällen gegenüber hochgradigen Verschiedenheiten im Mineralgehalt
des Bodens festgestellt werden konnte, finden wir bezüglich der
beiden wichtigsten physikalischen Wachstumsfaktoren, dem Feuchtig=
keitsgehalt und der Durchlüftung des Bodens, niemals. In einem
Artikel über den „Wassergehalt diluvialer Waldböden" im Juni=
heft 1906 der Zeitschrift für Forst= und Jagdwesen sucht Ra=
mann allerdings den Nachweis zu führen, daß auch der Wasser=
gehalt der Böden unter Umständen keine entscheidende Rolle zu
spielen brauche, und warnt vor einseitiger Überschätzung desselben.
Ich muß gestehen, daß mich seine Beweisführung nicht hat über=
zeugen können. Aus seinen vergleichenden Untersuchungen über
den Wassergehalt des Bodens unter Buchenbeständen geht nur
hervor, daß die Buche auf Böden von sehr verschiedenen Feuchtig=
keitsverhältnissen annähernd gleiche Massen zu produzieren vermag.
Damit ist aber die allein entscheidende Frage noch gar nicht
berührt: die nach der unteren Grenze desjenigen Wasservorrats,
der dauernd zur Verfügung stehen muß, damit ein Buchenbestand
normal gedeiht — genauer ausgedrückt, damit er eine bestimmte
Produktionsleistung aufweist, auf Grund derer er in eine bestimmte
Ertragsklasse eingereiht werden kann. Auch ein durchschnittlich
hoher Wassergehalt bietet ohne weiteres noch keine Gewähr, daß
nun der Pflanze ohne Unterbrechung ein höheres Maß von
Feuchtigkeit zur Verfügung steht. Die bei den Untersuchungen über
den Wassergehalt der Böden gewonnenen positiven Zahlen sind
nach dieser Richtung hin nicht ohne weiteres als entscheidend anzu=
sehen und können mit den Untersuchungsergebnissen der chemischen
Analyse nicht in Parallele gestellt werden. Der Nährstoffvorrat
ist eine im wesentlichen konstante Größe, die als solche direkt er=
mittelt werden kann. Der Wassergehalt unterliegt ständigem
Wechsel; er kann unmittelbar nur für einen ganz bestimmten Zeit=
punkt festgestellt werden, während die Angaben für längere Zeit=
räume, für die Dauer einer ganzen Vegetationsperiode oder gar

einer ganzen Bestandesgeneration, sich lediglich aus einer Anzahl Einzelfeststellungen mit mehr oder minder Glück kombinieren lassen. Durch das Fehlen des Stetigkeits-Moments ist eine Fehlerquelle zugelassen, deren Größe im Einzelfalle stets sehr schwer abwägbar bleibt. Der scheinbare Widerspruch zwischen dem die Regel bildenden starken Reagieren des Pflanzenwuchses auf größere Schwankungen im Wassergehalt und der in einzelnen Fällen — wie bei den von Ramann untersuchten Buchenbeständen — ebenfalls sicher nachgewiesenen Indifferenz gegen verschiedene Feuchtigkeitsgrade würde vermutlich verschwinden, wenn man die Feststellungen lange genug in ununterbrochener Folge vornehmen könnte. Ein auch nur ganz vorübergehendes Sinken des Wassergehaltes unter das einer bestimmten Produktionsleistung entsprechende Maß kann Dauerwirkungen hervorrufen, die mit den tatsächlich gemachten Beobachtungen zunächst schwer in Einklang zu bringen sind. Wahrscheinlich liegt der tatsächliche Mindestbedarf an Wasser bei allen unsern Hauptholzarten nicht sehr hoch. Erfordernis für normales Gedeihen ist aber, daß dieser Mindestbedarf unausgesetzt zur Verfügung steht. Je nach den Gesamtverhältnissen im Wasserhaushalt eines Geländes vermag daher unter Umständen ein im ganzen trockener, aber vor zeitweiliger übermäßiger Austrocknung geschützter Boden dieser Bedingung zu genügen, während in anderen Fällen ein im ganzen frischer, aber stärkeren Schwankungen im Feuchtigkeitsgehalte ausgesetzter sich als unzureichend erweist. Die unmittelbaren Beziehungen zwischen Produktionsleistung des Bestandes und Wassergehalt des Bodens können daher im Einzelfalle wohl einmal verdunkelt erscheinen, ohne daß sich daraus ein Beweis für ihr Nichtvorhandensein ableiten ließe.

Vielleicht noch stärker ins Auge fallend ist die Beeinflussung des Bodens durch verschiedene Durchlüftungsgrade. Böden von annähernd gleichem Mineralstoffgehalt und annähernd gleichen Feuchtigkeitsverhältnissen werden niemals die gleichen Massen erzeugen, wenn der eine der auf ihnen stockenden Bestände von Anfang an unter erheblich stärkerem Luftabschluß zu leiden gehabt hat als der andere.

In den physikalisch-biologischen Faktoren — Feuchtigkeit, Durchlüftung, Lockerheit, Tätigkeit, Wärme — liegt das Schwergewicht der Beeinflussung des Holzpflanzen-Wuchses durch die Eigenschaften des Bodens, nicht im Gehalt an mineralischen Nährstoffen, der —

wenigstens bis zu einer gewissen, für die Mehrzahl unserer Holzarten anscheinend ziemlich tief liegenden Grenze — für sich allein sehr wenig imstande ist, die Produktionsleistung eines Bestandes größer oder geringer zu gestalten. Daß in vielen Fällen dennoch eine gewisse Beziehung zwischen Mineralstoffgehalt und Ertragsklasse in Erscheinung tritt, erklärt sich dadurch, daß die chemischen Verhältnisse des Bodens vielfach — freilich nicht immer — die physikalischen mit bestimmen und somit indirekt allerdings oft wirksam werden können. Nach dieser Richtung hin bietet gerade eine nähere Betrachtung der Schützeschen Tabelle, wie sie von Ramann in der „Bodenkunde", S. 204, mitgeteilt ist, ganz interessante Anhaltspunkte. Die Reihenfolge der Ertragsklassen entspricht nämlich nur beim Kalk-Gehalte ziemlich genau der ziffermäßigen, während sich für Magnesia, Kali, Phosphorsäure stellenweise starke Abweichungen ergeben. Nach fallendem Gehalte geordnet würde die Reihenfolge sein

beim Kalke: I, II, II/III, V, IV,
beim Kali: II/III, II, I, III, IV, V,
bei der Phosphorsäure[1]): II, I, II/III, IV, III, V,
bei der Magnesia: II/III, III, II, IV, I, V.

Nun ist bekanntlich gerade der Kalk derjenige Mineralstoff, der am stärksten befähigt ist, neben einer gewissen physikalischen vor allem auch eine physiologische Wirkung auf den Boden auszuüben. Andrerseits ist die Kiefer, deren Ertragsverhältnisse der Schützeschen Tafel zugrunde gelegt sind, eine Holzart, deren Gedeihen in besonders hohem Grade durch Lockerheit, Wärme, Durchlüftung, Tätigkeit des Bodens, also durch die Faktoren bedingt wird, bezüglich derer wohl mit einiger Wahrscheinlichkeit angenommen werden kann, daß sie durch zunehmenden Kalkgehalt in ihrer Wirkung gesteigert werden. Trotzdem der Nährstoffbedarf der Kiefer an Kalk gering ist, wird ihr Gedeihen daher doch gerade zu dem Kalkgehalt des Bodens recht wohl in Beziehung zu bringen sein. Dagegen liegt es nahe, die höheren Gehalte an Kali, Phosphorsäure und Magnesia in den höheren Klassen der märkischen Kiefernböden einfach darauf zurückzuführen, daß höherer Kalkgehalt eben in der Regel — speziell in dem der Untersuchung zugrunde liegenden Wuchsgebiete — auch

---

[1]) Bei der Phosphorsäure scheint sich ein Druckfehler eingeschlichen zu haben. In dem älteren Ramannschen Werke der „Forstlichen Bodenkunde und Standortslehre" sind die Zahlen für III. und IV. Ertragsklasse umgekehrt angegeben.

mit einem höheren Gehalt an anderen Mineralstoffen verbunden ist. Es sind also Zufälligkeiten, die allerdings zunächst den Eindruck einer gewissen Gesetzmäßigkeit hervorrufen können, sich aber im einzelnen (man vergleiche die Reihenfolge bei Magnesia) doch nur sehr bedingungsweise dem vermuteten Gesetze anpassen.

Mit dem Festhalten an der mittelbaren Wirkung eines höheren Kalkgehalts im Boden erklären sich auch zwanglos manche anderen waldbaulichen Erscheinungen, für die es bei Annahme einer unmittelbaren Beziehung zwischen Mineralstoffgehalt und Produktionsleistung tatsächlich an einer Erklärung fehlt. Die Eiche soll sich nach Ramann in ihrem Bedarf zur Holzerzeugung von der Buche durch geringere Aufnahme von Kali und Phosphorsäure, dagegen Mehraufnahme von Kalk unterscheiden. Trotzdem ist erfahrungsgemäß die Buche für steigenden Kalkgehalt im Boden empfänglicher als die Eiche. Die Erklärung wird darin liegen, daß für das Gedeihen der Eiche in erster Linie der Feuchtigkeitsgehalt des Bodens, also ein Faktor, der durch den Kalk nicht oder doch nur minimal beeinflußt wird, entscheidend ist, während Lockerheit, Durchlüftung, Wärme als Wachstumsfaktoren zurücktreten; die Buche hat umgekehrt in erster Linie einen gut durchlüfteten und tätigen Boden nötig, muß also auf Kalk ungleich stärker reagieren. Andrerseits finden wir guten Buchenwuchs auch auf kalkarmen Böden, sobald sie nur — wie dies im Heidegebiet der Fall ist — durch klimatische Verhältnisse begünstigt und gleichzeitig durch eine vorsichtige Wirtschaftsführung vor den Folgen des Bodenrückgangs bewahrt bleibt.

Ähnlich wie die Eiche wird auch die Fichte nur wenig durch steigenden Kalkgehalt im Boden beeinflußt. Gute Fichtenbestände finden sich auf ausgeprägt kalkreichen wie kalkarmen Böden. Es würde daher ein ganz aussichtsloses Beginnen sein, Eichen- und Fichten-Standorte nach ihrem Mineralstoffgehalt klassifizieren zu wollen.

Dagegen ist es bezeichnend, wie Kalkarmut im Boden in viel prägnanterer Weise als das Zurücktreten irgend eines andern Pflanzennährstoffes ganz allgemein zu einer überaus vorsichtigen Wirtschaft in bezug auf Bloßlage des Bodens, Durchlichtungsgrade, Schutz gegen Wind und Regenschlag nötigt. Derartig vorsichtige Behandlung erfordert der im übrigen mineralisch reiche Flottlehmboden in genau demselben Maße wie der mineralisch arme Bleisand, wenn er nicht dieselben Kümmerbestände tragen soll wie dieser.

Alle diese Wahrnehmungen deuten darauf hin, daß eine unmittelbare Beziehung zwischen Nährstoffgehalt des Bodens und Ertragsklasse überhaupt nicht existiert. Wenn demgegenüber auf die unbestreitbare Wirkung künstlicher Nährstoffzufuhr auf die Produktionsfähigkeit gewisser Böden hingewiesen wird, so ist nicht außer acht zu lassen, daß diese Zufuhr durchweg in einer für die Pflanzenwurzel außerordentlich günstigen Form erfolgt und nicht ohne weiteres mit dem höheren Mineralstoffgehalt des gewachsenen Bodens verglichen werden kann. Daß durch reichliches Angebot an Nährstoffen in leicht zugänglicher Form die Pflanze unter Umständen auch zu einer reichlicheren Aufnahme derselben veranlaßt und dadurch in ihrer Gesamtentwickelung wesentlich gefördert — getrieben — werden kann, wird niemand leugnen. Was von der Heyerschen Richtung bestritten wird, ist nur, daß die in der Natur vorhandenen Verschiedenheiten im Nährstoffgehalt der Böden als solche regelmäßig von einschneidender Bedeutung für das Maß der Wuchsleistung sind. Innerhalb einer gewissen Grenze sind vielmehr alle Mineralböden imstande, das zur höchstmöglichen Produktion erforderliche Quantum an Nährstoffen zu liefern, und es hängt von den physikalischen und physiologischen Verhältnissen des Bodens sowie von der Art der Bodenbehandlung ab, ob dies Quantum voll in Anspruch genommen wird oder nicht.

Wo die untere Grenze für die einzelnen Holzarten liegt, ist eine noch völlig offene Frage. Leider handelt die forstliche Praxis in zahlreichen Fällen — und nicht zum wenigsten im Heidegebiet — als ob jene Frage längst gelöst sei; und sie ist dabei, im Wege einer oft recht kritiklosen Tradition, allmählich zu gewissen Sätzen gelangt, die weder vor dem Forum der Wissenschaft noch vor dem der praktischen Erfahrung bestehen können. Wenn man damit vergleicht, wie vorsichtig selbst Ramann, also ein Forscher, der wiederholt Stellung gegen die Heyersche Auffassung genommen hat, sich über unser derzeitiges positives Wissen nach dieser Richtung hin ausspricht, wie er die bisher gewonnenen Zahlen nur als Näherungswerte gelten läßt, wie er nachdrücklich betont, „daß die Bodenklasse, auf welcher ein Baum wächst, weder für Bedarf noch Entzug ohne weiteres als Maßstab dienen kann" — so ist es eigentlich schwer zu verstehen, daß die große Mehrzahl der Praktiker unbekümmert doch immer wieder diesen Maßstab zugrunde legt. Aus dem Umstande, daß eine Holzart Böden von einem gewissen Gehalt an

Nährstoffen bevorzugt, kann niemals ohne weiteres ein Schluß auf den Mindestbedarf der Holzart gezogen werden. Nicht die Bevorzugung gewisser Böden, sondern erst das absolute Gebundensein an gewisse Eigenschaften derselben ist für diese Frage beweiskräftig. Wenn das Gesetz des Minimums wirklich ein naturwissenschaftliches Gesetz ist, so läßt es Ausnahmen eben überhaupt nicht zu. Es genügt also schon ein einziger einwandfrei nachgewiesener Fall, wo eine Holzart sich mit geringem Verbrauch an irgend einem Nährstoffe begnügt hat, ohne an ihrer Entwickelung Schaden zu erleiden, um die Anspruchslosigkeit der Holzart hinsichtlich dieses Stoffes festzustellen, mag sie im ganzen noch so große Vorliebe für Böden, die ihn in reicherem Maße enthalten, zeigen. Diese Vorliebe muß dann eben einen andern Grund haben.

Ich glaube, daß wir Forstleute nur zu geneigt sind, den Mindestbedarf an Mineralstoffen bei fast allen Holzarten zu überschätzen, und unsern bescheidenen Bestandesbildnern eine Begehrlichkeit andichten, die sie tatsächlich nicht besitzen. Der oben erwähnte, von Tacke und Weber beschriebene gutwüchsige Kiefernbestand auf armem Ortsteinboden zeigt, wie viel tiefer das Bedarfsminimum dieser Holzart liegt, als gewöhnlich angenommen wird. Fichte und Tanne gedeihen im gesamten Heidegebiet bei richtiger Behandlung und unter Voraussetzung zusagender physikalischer Bodenverhältnisse durchweg auch auf den ärmsten Böden noch. Für die Eiche hat man vielfach das Postulat aufgestellt, den Anbau auf Standorte zu beschränken, die im Mineralstoffgehalt mindestens einem Kiefernboden II. Klasse entsprächen. Viele Sandböden der Heide, auf denen gutwüchsige Eichenbestände stocken, haben aber sicherlich — bei freilich durchweg günstigen Feuchtigkeitsverhältnissen — weit geringeren Nährstoffgehalt. Auch für die Buche gilt Ähnliches. Gut durchlüftete, tätige, bezw. durch die Wirtschaftsführung zur Tätigkeit angeregte Böden tragen unter zusagenden klimatischen Verhältnissen oft noch gute Buchenbestände, auch wenn sie als mineralisch arm bezeichnet werden müssen. Daß alle Wälder im Heidegebiete, soweit sie nicht aus Neuaufforstung hervorgegangen sind, vor etwa 150 Jahren fast ausschließlich aus Laubholz bestanden haben, und daß wahrscheinlich alle unsere heutigen Heiden aus Laubwäldern hervorgegangen sind, zeigt doch zur Genüge die Laubholzfähigkeit dieser Standorte. Oder sollte wirklich in den kurzen Zeiträumen, um die es sich hier in vielen Fällen handelt, eine derartige Verarmung des Bodens stattgefunden haben? Graebner will es uns glauben machen, indem er sich dabei auf die auslaugende Wirkung der Niederschläge und der Rohhumusüberlagerung sowie auf die Ausraubung des Bodens durch wiederholte Holzentnahme beruft. Die besondere Wichtigkeit dieses Punktes macht es notwendig, auf die darauf bezüglichen Ausführungen Graebners noch etwas näher einzugehen, obschon bereits die Möllersche Kritik von 1902 eine Anzahl der von ihm beigebrachten Argumente als nicht stichhaltig nachgewiesen hat.

Gewiß können die genannten drei Faktoren — Niederschläge, Rohhumusüberlagerung, Holzentnahme — nicht ohne Einwirkung auf den Mineralstoffvorrat des Bodens geblieben sein. Die Angaben, die Graebner über die mutmaßliche Höhe des dadurch bewirkten Verlustes macht, gehören aber zu einem großen Teile einfach in das Gebiet der Phantasie.

Was zunächst die Auslaugung durch Niederschläge betrifft, so irrt sich Graebner in der Berechnung, die er auf Seite 51 anstellt, genau um eine Dezimale. Bei dem von ihm unterstellten — übrigens auch mehr oder minder willkürlich angenommenen — Auslaugungsgrade würde dem Boden in 1000 Jahren nicht 24 g lösliche Stoffe pro Quadratzentimeter, sondern nur 2,4 g entzogen werden, was immerhin einen kleinen Unterschied ausmacht. Die ganze Berechnung wird aber, wie Graebner selbst zugeben muß, schon dadurch hinfällig, daß die Konzentration der Lösung in den einzelnen Schichten des Bodens nicht als einheitlich anzunehmen ist und über das Maß ihrer Abnahme uns vorläufig noch jeder Anhalt fehlt. Ferner läßt er außer acht, daß der um 10—30 cm höheren Niederschlagssäule, die sich für Nordwestdeutschland ergibt, doch auch eine — seiner eigenen Angabe nach — erheblich stärkere Verdunstungshöhe gegenübersteht[1]). Nicht das gesamte Mehr an Niederschlägen, sondern nur ein Bruchteil desselben wird somit im Auslaugungsprozesse wirksam. Über das Maß der Auslaugung durch Rohhumusüberlagerung gibt uns der heutige Stand der bodenkundlichen Forschung überhaupt noch keine Antwort. Die Dauer der Rohhumusüberlagerung, die Mächtigkeit und die Zusammen-

---

[1]) Belege für diese von ihm behauptete größere Verdunstungshöhe (H. d. H., S. 210) bringt Graebner allerdings nicht bei. Sie wird von anderen Schriftstellern bestritten, dürfte aber doch — von lokalen Schwankungen abgesehen — im ganzen wohl zutreffend sein.

setzung der Schicht, vor allem aber die Struktur und Zusammen=
setzung des überlagerten Bodens werden wahrscheinlich große Unter=
schiede bedingen. Dagegen ist als Regel festgestellt, daß sich stär=
kere Auswaschungsgrade durchweg nur auf Schichten von etwa 2
bis 3 dm Mächtigkeit erstrecken, also längst nicht die Tiefen errei=
chen, die von Eiche, Buche, Tanne und anderen Holzarten noch
durchwurzelt werden.

Ganz unhaltbar sind die Graebnerschen Anschauungen über
den Entzug von Mineralstoffen durch die Holznutzung. Graebner
will nicht zugeben, daß er nach dieser Richtung hin bereits von
Möller eingehend widerlegt ist. Zur Klarstellung wird es sich
nicht vermeiden lassen, den ganzen hierher gehörigen Passus (Hand=
buch der Heidekultur, S. 56) wiedergegeben. Es heißt daselbst:

„Die hier aufgestellten Berechnungen bezüglich der Menge der
abgefahrenen Stoffe hält Möller gleichfalls für nicht ganz stich=
haltig, er wendet dagegen ein: 'Die Graebnerschen Zahlen ver=
lieren viel von ihrem Schrecken, wenn man bedenkt, daß

1. der Kalivorrat nicht nach den oberen 30 cm allein berech=
net werden darf, sondern daß bei so langen Zeiträumen auch der
Vorrat der tieferen Schichten in die Berechnung eingeführt wer=
den muß,

2. die fortschreitende Verwitterung in so langen Zeiträumen
noch reiche Kalikapitalien verfügbar macht,

3. tiefere Erdschichten durch die Tätigkeit der Tierwelt nach
oben gebracht und auch sonst noch dadurch nutzbar gemacht werden,
daß aus ihnen auf dem Wege durch den Stamm zu den Blättern
und aus ihnen zum Boden Mineralstoffe in die oberen, leichter ver=
wertbaren Bodenschichten geschafft werden,

4. bei so langen Zeiträumen wahrscheinlich auch die mit dem
atmosphärischen Staube der Fläche zugeführten Substanzen eine
Rolle spielen.'"

„Hiergegen möchte ich kurz anführen, daß 1. doch eben Tat=
sache ist, daß in echtem Heideboden die bei weitem überwiegende
Wurzelmenge in den oberen 30 cm des Bodens sich befindet, ja
daß erfahrungsgemäß die Mehrzahl der bei jüngeren Bäumen mit=
unter etwas größere Tiefe erreichenden Pfahlwurzeln später zugrunde
geht (vergl. z. B. die Abbildungen im Kapitel über die Pflanzen=
krankheiten der Heide), der Nährstoffgehalt der tiefen Bodenschich=
ten von den Wurzeln also nicht nutzbar gemacht werden kann.

2. Von einer Verwitterung ist in größeren Tiefen im Heideboden wenig zu bemerken, aber da z. B. schon der in Verwitterung begriffene gelbe Sand gewöhnlich fast gar keine Wurzeln enthält (vergl. über die Bodenluft usw.), kann diese Verwitterung den Pflanzen wenig nützen. Die Analysen der oberen, mit Flußsäure aufgeschlossenen Schichten zeigen aber, daß aus ihnen nichts mehr zu erwarten steht. 3. Der Mangel an Tätigkeit der Tierwelt im Heideboden ist gerade eins der schlimmsten Hindernisse der Vegetation mit höherer Stoffproduktion. Man kann meilenweit wandern, ohne die Spuren eines Regenwurms oder Maulwurfs zu treffen. Die freien Humussäuren scheinen der größte Feind dieser Tiere zu sein. Hätten wir genügend Regenwürmer, hätten wir auch Luft im Boden. 4. Der atmosphärische Staub kann auch keine wesentliche Rolle spielen, denn dann hätte die Verarmung der oberen Bodenschichten, da der Staub doch immer wirkte, nicht den Grad erreichen können, den sie erreicht hat."

Diese Einwendungen vermögen die Möllersche Kritik meiner Ansicht nach nicht zu entkräften. Es ist zunächst durchaus keine „Tatsache", daß in echtem Heideboden die bei weitem überwiegende Wurzelmenge in den oberen 30 cm des Bodens sich befindet, und daß erfahrungsmäßig die Mehrzahl der Pfahlwurzeln später zugrunde geht. Das trifft vielleicht für die typische Heidekiefer zu, die ja in der Mehrzahl der Fälle unter unnatürlichen, ihrer Eigenart direkt widersprechenden Verhältnissen aufwächst, nicht aber für standortsgemäßere Holzarten, Eiche, Buche, Birke, Tanne u. a. Wenn weiterhin gesagt wird, daß von einer Verwitterung in größeren Tiefen im Heideboden wenig zu bemerken sei, so liegt dies im wesentlichen eben nur daran, daß der Boden nicht — oder nicht in zweckmäßiger Weise — in Kultur genommen ist. Würde Anbau mit tiefer wurzelnden Holzarten erfolgen, würde durch einen beschattenden, den zehrenden Luftzug abhaltenden Vor-, Neben- oder Unterbestand für die erforderliche Feuchtigkeit im Boden gesorgt und dadurch der niederen Tierwelt wieder die wichtigste Existenzbedingung geschaffen, würde durch eine rationelle Bestandes- und Bodenpflege die Durchlüftung des Bodens befördert, so würde auch die Verwitterung sich auf größere Tiefen erstrecken. Daß der atmosphärische Staub keine sehr wesentliche Rolle spielt, mag zugegeben werden. Wichtig sind hingegen noch zwei Punkte, über die Graebner mit einer nicht gerechtfertigten Leichtigkeit ganz hinweggeht.

Der eine betrifft die Bereicherung der oberen Bodenschichten aus den unteren vermittels des Laubabfalls. Graebner bestreitet, daß dem Boden überhaupt durch den alljährlichen Laubabfall ein großer Teil der entzogenen Nährstoffe wiedergegeben wird. Die Nährstoffe wandern seiner Behauptung nach im Herbste aus den Blättern in die Äste und den Stamm, werden also bei der Holznutzung mit entführt. Für diese Behauptung, die im Gegensatze zu der herrschenden Anschauung nicht nur der Forstwirte, sondern auch der Botaniker steht, bleibt Graebner aber jeden Beweis schuldig, hält ihn anscheinend überhaupt nicht für erforderlich. Da es sich hier um eine rein wissenschaftliche Streitfrage handelt, werde ich mich damit begnügen, gegenüber diesem überraschenden Standpunkt Graebners auf die bekannten Untersuchungen Ramanns über den Aschengehalt von Stamm und Blättern der Waldbäume und auf die älteren Arbeiten von Ebermayer, Stöckhardt u. a. über den gleichen Gegenstand zu verweisen, mit denen Graebner sich zuvor auseinandersetzen möge. Das Beispiel, das er S. 195 anführt, beweist nur, daß der Prozeß der Auslaugung der oberen Bodenschichten den der Anreicherung derselben Schicht durch den Laubabfall unter Umständen an Energie übertreffen kann, nicht aber daß letztere allgemein belanglos für die Ergänzung der Nährstoffe wäre. Nach Büsgen (Bau und Leben unserer Waldbäume) ist übrigens bereits 1892 durch Wehmer in den landwirtschaftlichen Jahrbüchern und in den Berichten der deutschen botanischen Gesellschaft an verschiedenen Beispielen gezeigt, daß die Annahme einer Auswanderung der Proteinsubstanzen, des Kalis und des größten Teils der Phosphorsäure vor dem Blätterabfall auf irrtümlicher Interpretation der Aschenanalysen und auf mangelhafter Berücksichtigung der Auswaschung beruhe, welche absterbende und abgestorbene Blätter bereits am Baume und mehr noch nach dem Abfall durch Regen und Tau erleiden.

Der andere Punkt, bezüglich dessen Graebner sich die Sache zu leicht macht, betrifft die Benutzung der Ramannschen Aschenanalysen. Ramann selbst betont ausdrücklich, daß die Mineralstoffmenge, die bei der Holznutzung dem Walde entzogen ist, überhaupt kein Maßstab für den Bedarf der Baumarten ist. Die Menge der aufgenommenen Mineralstoffe hängt neben anderen Umständen wesentlich auch von dem Reichtum und dem Wassergehalt des Bodens ab und schwankt in sehr weiten

Grenzen. Stehen dem Baume gewisse Mineralstoffe in sehr reich=
licher Fülle zur Verfügung, so treibt er Luxuskonsum; ist der Ge=
halt an Mineralstoffen gering, so begnügt er sich unter Umständen
mit geringeren Quantitäten. Von den Aschenanalysen wird man
im günstigsten Falle annehmen dürfen, daß sie Durchschnitts=
werte enthalten, nicht daß ihre Ergebnisse ohne weiteres anwend=
bar wären auf Böden, mit deren völliger Erschöpfung in absehbaren
Zeiten man bereits rechnet, wie dies Graebner bezüglich der Heide=
böden tut.

Es bleibt also schon dabei, daß die Graebnerschen Zahlen
viel von ihren Schrecken verlieren, wenn man ihnen näher tritt.
Die Annahme einer Bodenverarmung von solchem Umfange, daß
in ihr der Grund des Verschwindens des Waldes im Heidegebiete
oder des Versagens des Laubholzwuchses zu suchen wäre, hat wenig
Wahrscheinliches für sich. War der Boden früher — stellenweise
liegt dies Früher ja noch kaum ein Jahrhundert zurück — imstande,
die für die Ernährung von Eiche und Buche erforderlichen Mineral=
stoffe zu liefern, so ist er es in der weit überwiegenden Mehrheit
der Fälle sicherlich auch heute noch; und das Verschwinden oder
Zurücktreten beider Holzarten bezw. die Schwierigkeiten, die sich
vielfach ihrem Wiederanbau entgegenstellen, sind auf andere Ursachen
zurückzuführen. Und da der Laubholzwald auch auf Böden, die
gegenwärtig zu den „armen" im landläufigen Sinn gehören, nach=
weislich in großer Ausdehnung gestockt hat, so läßt sich der Schluß
nicht von der Hand weisen, daß die Ansprüche auch der Laubhölzer
an den Mineralstoffgehalt des Bodens doch wohl geringer sind, als
man nach Maßgabe der zur Zeit vorzugsweise von ihnen einge=
nommenen Standorte zu schließen geneigt sein könnte.

Aber selbst wenn man, um wenigstens einen gewissen Anhalt
zu gewinnen, einfach die für den Entzug experimentell festgestellten
Größen als Grundlage benutzen wollte, um danach die Ansprüche
der einzelnen Holzarten festzustellen, gelangt man bei exakter Durch=
führung der Rechnung zu außerordentlichen niedrigen Sätzen. Als
Beispiel möge hier die Berechnung bezüglich der drei wichtigsten
Pflanzennährstoffe, Kalk, Kali und Phosphorsäure, für Buche I.
und Kiefer III. Ertragsklasse folgen.

Nach Ramann entzieht ein Buchenbestand I. Klasse während
eines 120jährigen Umtriebes dem Boden pro Hektar durchschnittlich
jährlich etwa 21 kg Kalk, 11 kg Kali, 4 kg Phosphorsäure, und
zwar lediglich durch die Holznutzung. Für die Blattproduktion ist

ein jährlicher Bedarf von durchschnittlich 107 kg Kalk, 13 kg Kali, 14 kg Phosphorsäure zu rechnen. Da die Blattmasse dem Boden alljährlich zurückgegeben wird, stellt sich der Gesamtbedarf auf

$$120 \cdot 21 + 107 = 2627 \text{ kg Kalk},$$
$$120 \cdot 11 + 13 = 1333 \text{ kg Kali},$$
$$120 \cdot 5 + 14 = 614 \text{ kg Phosphorsäure}.$$

Die Buche vermag bei völlig normaler Entwicklung immerhin eine Bodenschicht von etwa 75 cm Tiefe zu durchwurzeln und aus ihm ihr Nährstoffbedürfnis zu decken. Da der Kubikmeter Boden etwa 1600 kg wiegt, so ist der erforderliche Bedarf pro Hektar aus einer Bodenmenge von $10000 \cdot 0{,}75 \cdot 1600 = 12000000$ kg zu decken. Ein Boden müßte also

$$\text{an Kalk} \quad \frac{2627}{120000} = 0{,}022 \text{ \% seines Gewichts},$$

$$„ \text{ Kali} \quad \frac{1333}{120000} = 0{,}011 \text{ „ } \text{ „ } \text{ „}$$

$$„ \text{ Phosphorsäure} \quad \frac{614}{120000} = 0{,}005 \text{ „ } \text{ „ } \text{ „}$$

hergeben, um bei Unterstellung aller erforderlichen physikalischen Bedingungen einen Buchenbestand I. Klasse hervorbringen zu können. Das sind Prozentsätze, die noch hinter denen des Gehalts eines märkischen Diluvialsandbodens V. Ertragsklasse — nach Schütze — zurückbleiben.

Der Bedarf eines Kiefernbestandes III. Klasse für 120jährigen Umtrieb berechnet sich nach Ramann auf etwa

$$120 \cdot 6{,}7 = 804 \text{ kg Kalk},$$
$$120 \cdot 2{,}7 = 324 \text{ kg Kali},$$
$$120 \cdot 1{,}2 = 144 \text{ kg Phosphorsäure}.$$

Nehmen wir den durchwurzelten Raum für die Kiefer im Heidegebiet mit Graebner nur zu 0,3 m Mächtigkeit an, was wenigstens für die Mehrzahl der Fälle, wo sie in reinen Beständen erzogen wird, zutreffen mag, so würden pro Hektar $10000 \cdot 0{,}3 \cdot 1600 = 4800000$ kg Boden zur Verfügung stehen. Zur Erzeugung eines Kiefernbestandes III. Klasse würde der Boden mithin

$$\text{an Kalk} \quad \frac{804}{48000} = 0{,}017 \text{ \% seines Gewichts},$$

$$„ \text{ Kali} \quad \frac{324}{48000} = 0{,}007 \text{ „ } \text{ „ } \text{ „}$$

$$„ \text{ Phosphorsäure} \quad \frac{144}{48000} = 0{,}003 \text{ „ } \text{ „ } \text{ „}$$

hergeben müssen. Das entspräche etwa dem Mineralstoffgehalt sehr armen Bleisandes über Ortstein.

Graebner kommt zu etwas anderen Ergebnissen; aber seine Rechnung ist auch nicht einwandfrei. Er bemißt den Bedarf normal gedeihender Laubbäume nach Sätzen, die von landwirtschaftlichen und gärtnerischen Forschern für Obstbäume ermittelt sind — man versteht nicht recht, warum, da er gleichzeitig auch die Ramann=schen Zahlen für den Entzug der Buche I. Ertragsklasse beifügt; und er nimmt ferner den bewurzelten Raum allgemein nur zu 30 cm Tiefe an, was für Buche jedenfalls ungerechtfertigt ist.

Unverständlich ist die Behauptung, daß die nach Ramann ermittelten Werte „nicht viel" hinter den von ihm benutzten Zahlen zurückblieben. Nach Ramann berechnet sich beispielsweise bei Kali für Buche I. Klasse ein jährlicher Entzug von 8 bis 11,6 kg pro ha, während Graebner pro cbm Erde 0,013 bis 0,015 kg rechnet, was auch unter Zugrundelegung einer durchwurzelten Schicht von nur 0,3 m Tiefe immerhin einem Gewicht von 39 bis 45 kg pro ha entspräche, also etwa dem Vierfachen der Ramannschen Angabe! Wenn Graebner nachträglich erklärt, er halte diese Berechnungen für ganz nebensächlich und habe sie nur zum Zwecke eines pflanzen=geographischen Vergleiches der ökologischen Faktoren angestellt, so ist darauf zu erwidern, daß dieser Vergleich infolgedessen recht irre=führend ausfallen muß und daß die Bemängelung seiner Zahlen seitens einzelner forstlicher Kreise, über die er sich beschwert, doch nicht ganz ohne Grund war.

Alles in allem genommen wird man nicht sagen können, daß die Theorie von dem engen Zusammenhange des Mineralstoffgehalts der Böden und der Produktionsleistung der Waldbäume, wie sie von Graebner vertreten wird, auf sonderlich festen Grundlagen ruhte. Es sprechen vielmehr umgekehrt gewichtige Gründe für die Annahme, daß eine völlig ausreichende Ernährung der Waldbäume unter sonst günstigen Umständen schon durch minimale Nährstoff=mengen im Boden gesichert wird, und daß auch auf recht armen Böden hervorragende Wuchsleistungen keineswegs ausgeschlossen sind. Voraussetzung ist allerdings, daß in physikalischer Beziehung alle Bedingungen gegeben sind, um die vorhandenen Nährstoffe nun auch tatsächlich der Pflanze voll zugute kommen zu lassen. Fehlt es daran, so muß die erzeugte Masse natürlich mehr oder minder hinter dem denkbaren Maximum zurückbleiben. Möglicherweise wird

man auch damit rechnen müssen, daß mit zunehmender Verringe=
rung der vorhandenen Mineralstoffe die Ernährung des Baumes
oder Bestandes auf größere Schwierigkeiten stößt und dadurch die
normale Entwickelung des Bestandes wenigstens gegen Ende seines
Lebensalters, falls der Boden dann dicht vor völliger Erschöpfung
an Nährstoffen stehen sollte, gehemmt wird. Ebenso mag die Frage
offen bleiben, ob unsere sogenannten anspruchsvollen Holzarten,
Esche, Ahorn, Ulme, ihren Bedarf tatsächlich nur einem Boden zu
entziehen vermögen, der die betreffenden Stoffe im Überfluß ent=
hält. Einwandfreie Untersuchungen über diesen Punkt fehlen meines
Wissens bislang. Für Eiche, Buche, Birke, Erle und sämtliche
einheimischen Nadelhölzer ist aber eine sehr weitgehende Anpassungs=
fähigkeit an den Mineralstoffgehalt des Bodens jedenfalls fest=
gestellt.

Daraus geht hervor, daß in der großen Praxis der Gehalt
an Nährstoffen im Boden als solcher für die Wahl der Holzart
nur eine ganz untergeordnete Rolle spielt. Die Ansprüche der ein=
zelnen Holzarten sind zwar verschieden, aber selbst die relativ begehr=
liche Buche vermag unter besonderen Umständen noch auf einem
Boden zu gedeihen, dessen Mineralstoffgehalt dem einer V. Ertrags=
klasse für Kiefer (nach Schütze) entspricht.

VI.

Folgerungen.

1. Die Anbaufähigkeit der Heideböden.

Für die Forstwirtschaft der Heide ergeben sich aus dem Vorstehenden drei sehr bedeutsame Folgerungen: in bezug auf den Umfang der vom forstlichen Anbau auszuschließenden Flächen; in bezug auf die Heilmittel, die gegen Krankheits= und Kümmererscheinungen der Waldbäume im Heidegebiet zur Anwendung zu bringen sind; endlich in bezug auf die gesamten Beziehungen zwischen Wald und Heide, die in letzter Linie entscheidend für die Aussichten aller Heideaufforstung sein müssen. Nach allen drei Richtungen hin glaube ich, daß der Graebnersche Standpunkt, wie er sich aus den im Eingangskapitel angeführten Leitsätzen 1, 2, 7, 8, 9, 10 ergibt, nicht aufrecht zu halten ist.

Zunächst geht aus den besprochenen Beziehungen zwischen Boden und Wuchsleistung hervor, daß die untere Grenze für die Anbaufähigkeit der Heideböden nur in Ausnahmefällen durch den Gehalt an Mineralstoffen bestimmt werden kann. In der Regel werden Böden, bei denen man die Befürchtung hegen muß, dieser Grenze nahe zu kommen, auch in physikalischer Beziehung der Kultur derartige Schwierigkeiten bieten — Ortsteinfelder von besonders ungünstiger Beschaffenheit, Hochmoor, Kiesablagerungen u. dgl. — daß sie schon deshalb als ertraglose Flächen ausgeschieden werden müssen, soweit es sich nicht etwa um forcierte Walderhaltung oder Neubewaldung handelt. Kommt letztere aus irgend welchen Gründen in Frage und scheidet damit das Rentabilitätsprinzip mehr oder minder aus, so wird allerdings bei der Entscheidung der Frage, ob der Boden neben etwaigen sonstigen Meliorationen auch einer künstlichen Zufuhr von Nährstoffen bedarf, um Forstkultur zu ermöglichen, eine bestimmte untere Grenze festzuhalten sein. Mangels sichererer

Anhaltspunkte würde man für diesen Fall wohl von den auf Grund der bisherigen Entzugs-Ermittelungen gewonnenen Zahlen ausgehen müssen. Das Ergebnis würde sein, daß man Bleisandböden auf undurchbrochenem Ortstein, Hochmoorflächen und ähnliche überaus nährstoffarme Böden allerdings durch künstliche Nährstoffzufuhr heben müßte, wenn man höhere Produktionsleistungen von ihnen erwartete, als sie ein Kiefernbestand mittlerer Güte liefert — daß aber auf allen sonstigen Böden zunächst, d. h. für den nächsten in Frage kommenden Umtrieb von normaler Zeitdauer, eine Düngung lediglich zum Zwecke der Vermehrung der Nährstoffe entbehrlich sein würde.

Vielleicht wird die Frage nach Ablauf einer oder doch einiger solcher Umlaufszeiten schon etwas nachdrücklicher auftreten und in einer für die Praxis nunmehr schon beachtenswerteren Anzahl von Fällen tatsächlich eine Lösung im Graebnerschen Sinne bedingen. Unerschöpflich sind unsere Waldböden natürlich nicht, und wenn die Holznutzung auch nicht ein derartiger Raubbau ist, wie Graebner uns glauben machen will — unter den Begriff Raubbau fällt sie immerhin. Möglich, daß einst auf weiten Flächen des Heidegebiets die Holzzucht ohne Zuhilfenahme künstlicher Nährstoffzufuhr nicht mehr durchführbar ist. Dann wird sich entweder die Technik entsprechend anzustrengen haben, ein ausreichend billiges Düngemittel in Massen zu produzieren, oder es wird ein sehr nachdrücklicher — wenn auch nicht notwendigerweise plötzlicher — Wechsel in den gesamten Bewaldungsverhältnissen eintreten. Mag man das eine oder das andere für wahrscheinlicher halten — für die Gegenwart liegt jedenfalls keine Gefahr vor, sich durch Unterlassung der Düngung bezw. Beschränkung derselben auf die erwähnten, meist nur bei forcierter Walderhaltung in Betracht kommenden Ausnahmefälle einer Versäumnis schuldig zu machen[1]).

2. Die tatsächlichen Ursachen mangelhafter Wuchsleistungen im Heidegebiet.

Welchen ungünstigen Einflüssen haben wir nun aber die tatsächlich vielfach — wenn auch nicht allgemein — auftretenden Kümmer

---

[1]) Um jedes Mißverständnis auszuschließen, betone ich ausdrücklich, daß die Kalk- und Stickstoff-Düngung sebstverständlich von den vorstehenden Ausführungen nicht getroffen wird.

und Krankheitserscheinungen unserer Waldbäume im Heidegebiete zu=
zuschreiben, wenn der Mangel an Nährstoffen im Boden, nach dem
bisher Erörterten, als Quelle des Übels für die Mehrzahl der Fälle
ausscheiden muß? Daß es sich dabei nicht um Gelegenheitserschei=
nungen handelt, sondern um solche, die nur aus der klimatischen,
pedologischen oder wirtschaftlichen Besonderheit des Heidegebiets her=
aus erklärt werden können, steht fest; dazu treten sie in zu engem
Anschluß an die räumliche Abgrenzung des Heidegebiets auf und
zeigen im einzelnen zu viel übereinstimmende Züge. Ebenso ist
nicht zu verkennen, daß wenigstens die große Mehrzahl dieser Er=
scheinungen auf mangelhafte Ernährung hindeutet, die ihrerseits nun
freilich die verschiedenartigsten Ursachen haben kann. Diese im Ein=
zelfalle festzustellen, ist aber meines Erachtens keine so schwierige
Aufgabe, daß der Praktiker an ihrer Lösung schlechterdings ver=
zweifeln müßte und auf die stete unmittelbare Mitwirkung wissen=
schaftlicher Sachverständiger angewiesen wäre, die Graebner für
unabweisbar hält. Auf den ersten Anblick bieten ja manche dieser
Erscheinungen viel scheinbar Regelloses, ja einander Widersprechen=
des. Ohne lange andauernde und gründliche Beobachtung ist es
nicht immer leicht, das schließlich doch vorhandene Gesetzmäßige
herauszufinden. Es ist dabei aber zu berücksichtigen, daß für die
Forstwirtschaft im großen und ganzen nur Massenwirkungen in
Betracht kommen, die als solche immerhin bald erkannt und von
zufälligen Nebenwirkungen geschieden werden können. Nicht die rest=
lose Aufklärung jeder Einzelerscheinung ist für die Praxis des Wirt=
schaftsbetriebs von Bedeutung, sondern lediglich die Feststellung des
inneren Zusammenhangs unter denjenigen Erscheinungen im Haus=
halt des Waldes, die sich in großen Zügen ausprägen und da=
durch der Wirtschaft gewisse Bahnen weisen.

Überall, wo wir mangelhafte Ernährung der Pflanzen bei aus=
reichend vorhandenem Mineralstoffgehalt des Bodens finden, muß
die Erscheinung auf einen der nachstehenden drei Faktoren bez. auf
ein Zusammenwirken derselben zurückzuführen sein: 1. ungenügende
Ausbildung der Ernährungsorgane, 2. ungenügendes Funktionieren
derselben, 3. dauernder oder vorübergehender Mangel an denjenigen
beiden Nährmitteln, die neben den Mineralstoffen als unentbehrlich
anzusehen sind: Wasser und Stickstoff. Dieser letztere Faktor kann
sowohl unmittelbar wie auch mittelbar wirken, indem er selber Ur=
sache der ungenügenden Ausbildung oder des ungenügenden Funktio=

nierens der Pflanzenwurzel ist. Als sonstige Ursachen dieser beiden Erscheinungen können in Betracht kommen: Verdichtung des Bodens, Auftreten einer luftabschließenden Bodendecke, zeitweiliger Überfluß an Wasser, klimatische Einflüsse, Angriffe seitens tierischer oder pflanzlicher Schädlinge. Das Reich der Möglichkeiten bleibt also groß genug, um dem Praktiker, der selbstverständlich nicht gleichzeitig bodenkundlich, pflanzenphysiologisch, mykologisch und zoologisch durchgebildet sein kann, unter Umständen arge Kopfschmerzen zu bereiten. Aber doch auch nur unter Umständen! In der Regel liegen die Faktoren, die im Einzelfalle eine besondere Steigerung eines der genannten Momente bewirkt haben und damit als primäre Ursache der konstatierten Erkrankung oder Verkümmerung zunächst vermutet werden müssen, doch so weit zutage, daß eine sorgfältige Prüfung des Bestandes, des Bodens und der bisherigen Wirtschaftspraxis nicht achtlos an ihnen vorübergehen kann. Graebner sieht hier Schwierigkeiten, die, in diesem Maße wenigstens, sicher nicht vorhanden sind. Es ist ja richtig, daß die Praktiker sich auf diesem Gebiete mancher Versäumnisse schuldig machen, daß sie die pedologischen und klimatologischen Besonderheiten ihres Arbeitsfeldes nicht immer genügend berücksichtigen, die Wirkungen wirtschaftlicher Maßregeln in bezug auf Steigerung oder Abschwächung standörtlicher Einflüsse verkennen, das Auftreten von Schädlingen übersehen usw. — aber das sind eben Versäumnisse, die sehr wohl vermieden werden können, ohne daß Vertreter der Wissenschaft in jedem Einzelfalle handelnd einzugreifen brauchten.

Vielleicht liegen die Bedenken Graebners zum Teil aber auch in einem ganz andern Umstande begründet. Er verkennt nämlich die Bedeutung der vorstehend aufgeführten Wachstumshemmnisse durchaus nicht, und aus einzelnen seiner Äußerungen im Kapitel über Pflanzenkrankheiten könnte man direkt folgern, daß er ihnen sogar den Vorrang vor dem — sonst als maßgebender Faktor von ihm überall an erster Stelle betonten — mangelnden Nährstoffgehalt des Bodens einräumen möchte. So heißt es z. B. S. 223: „Besprechen wir deshalb zunächst die Krankheiten, die durch eine ungünstige Bodenstruktur hervorgebracht werden, da die Verschlechterung der Strukturverhältnisse im letzten Ende die Mehrzahl der übrigen deutlicheren Erscheinungen, wie Wassermangel und Nährstoffmangel, in der Folge hat". Das klingt sehr einleuchtend; leider wird dieser Standpunkt nur durchaus nicht mit der wünschenswerten

Klarheit festgehalten. Man kommt vielmehr notgedrungen bei diesem Teile der Graebnerschen Ausführungen zu dem Schlusse, daß zwei Seelen in der Brust des Verfassers wohnen, von denen die eine halb widerwillig die Bedeutung der physikalischen Faktoren anerkennt, die andere immer wieder den chemisch=mineralogischen Faktor zu retten sucht. Vielleicht ist ihm dabei der Gedanke ge= kommen, daß es allerdings für den einfachen Praktiker eine miß= liche Sache sein müsse, hier eine Entscheidung zu treffen, wo selbst dem berufenen wissenschaftlichen Forscher so schwere Konflikte unter= laufen. Andrerseits drängt sich freilich dem Leser des Graebner= schen Werkes oft genug auch die Frage auf, ob sich der Verfasser der vielfachen Widersprüche, die sein Buch nach dieser Rich= tung hin enthält, überhaupt bewußt geworden ist. Man möchte dies fast verneinen, wenn man sieht, wie unmerklich bei ihm die beiden Begriffe, „mangelhafte Ernährung" und „Nährstoffarmut des Bodens" ineinander übergehen. Auf S. 221 fügt er in einer Rand= bemerkung dem im Texte gebrauchten Ausdruck „nährstoffarmer Bo= den" die nähere Erklärung bei: „d. h. natürlich Boden, der ent= weder ganz arm an Nährstoffen ist, oder aus dem aus chemischen oder physikalischen Gründen die Pflanze nicht imstande ist Nähr= stoffe in größerer Menge zu ziehen." Durch dies Entweder—Oder wird das ganze Problem verschoben! Während sich durch das ge= samte Graebnersche Werk wie ein roter Faden der Gedanke hin= zieht: Die Heide ist zu arm, um ohne künstliche Nährstoffzufuhr einen Wald zu normaler Entwickelung gelangen zu lassen — heißt es im Kapitel über Pflanzenkrankheiten als Resümee einfach: „Tat= sache ist das mangelhafte Gedeihen der Holzpflanzen in der Heide, das typische Bild der schlechten Ernährung."

Mag dieser Widerspruch indessen so oder so zu lösen sein, wichtiger ist, ob wir Graebner auf den Wegen, die er uns bei der Besprechung der Pflanzenkrankheiten in der Heide — zum Teil im Gegensatz zu seinen sonstigen Ausführungen — führt, im ein= zelnen überzeugt folgen können oder nicht. Manchen seiner Dar= legungen kann man gewiß zustimmen. Daneben treten aber auch eine Anzahl von Behauptungen auf, die teils allen bisherigen Be= obachtungen direkt widersprechen, teils wenigstens vorläufig noch unbewiesen sind, ohne daß auch nur der Versuch eines Beweises beigebracht würde.

Zunächst bespricht Graebner den Sauerstoffmangel, den er

im wesentlichen auf Rohhumusüberlagerung und stärkeres Vorkommen von humosen Stoffen im Boden selbst zurückführt. Daneben wird noch auf die luftabschließende Wirkung des Ortsteins sowie auf diejenige einer dichten Pflanzendecke, insbesondere einer Moosdecke hingewiesen. Für letztere Behauptung dürften sich in der Natur selbst kaum einwandfreie Belege finden; ohne gleichzeitige stärkere Rohhumusablagerung wirkt eine einfache Moosdecke, speziell wenn sie aus den in den Kiefernwäldern der Heide vorherrschenden Hypnum-Arten gebildet wird, schwerlich in höherem Grade luftabschließend. Dagegen dürfte eine derartige Wirkung bei einer Algendecke anzunehmen sein, die von Graebner nicht besonders erwähnt wird. Ob der Verbrauch an Sauerstoff für die weitere Zersetzung der im Boden selbst befindlichen Humusstoffe eine wirtschaftlich bedeutsame Rolle spielt, ist wohl ebenfalls fraglich. Unerwähnt gelassen sind auffälligerweise auch der zeitweilige Wasserüberfluß sowie die stärkere Verdichtung mancher Heideböden als ursächliche Momente des Sauerstoffmangels.

Den Erkrankungsprozeß selbst schildert Graebner im wesentlichen als einen Vergiftungsvorgang, der mit der Verjauchung der Wurzeln beginnt und vielfach mit dem Tode des Individuums endet. Demgegenüber ist daran festzuhalten, daß bei der einzigen unserer 5 Hauptholzarten, die tatsächlich im Heidegebiet vielfach ein massenhaftes Absterben zeigt, der Kiefer, diese Kalamität in demselben Umfange auch in Beständen, die nicht unter Wurzelverjauchung leiden, auftritt, und daß der Nachweis eines allgemeinen Zusammenhanges zwischen Stammtrocknis und der sogen. „Wurzelfäule" überhaupt gar nicht erbracht ist. Es gibt hochgradig wurzelfaule Bestände, in denen nur eine verhältnismäßig geringe Stammausscheidung stattfindet, wie umgekehrt manche im frühen Stangenholzalter schon absterbende Stämme völlig gesunde, wenn auch meist schlecht entwickelte Wurzeln haben. Selbst da, wo Wurzelfäule und stärkere Stammtrocknis vereint auftreten, wird man nie ohne weiteres erstere als Ursache der letzteren bezeichnen dürfen. Zahlreiche Erfahrungen der Praxis lassen es wahrscheinlich erscheinen, daß es sich bei der Wurzelfäule vielfach nur um eine akzessorische Erscheinung handelt.

Unbewiesen ist ferner die Annahme einer Boden=Vergiftung durch die verjauchten Wurzeln. Die Berufung auf J. Böhm, der die Erde unter abgestorbenen Ailanthus=Bäumen auf der Ringstraße in Wien (!) vergiftet fand, ist doch nicht ausreichend, um eine derartige Theorie zu stützen, so lange bestätigende Experimente oder Erfahrungen aus dem Walde selbst ganz fehlen.

Ist der Luftabschluß minder intensiv, so sollen die Pflanzen zwar nicht absterben, aber infolge der mangelhaften Wurzeltätigkeit kranken. Diese Tatsache ist, wenn man unter „Kranken" unter Umständen auch eine bloße schwächliche Entwickelung verstehen darf, für eine Anzahl Holzarten ohne weiteres zuzugeben. Am empfindlichsten scheinen Fichte und Kiefer gegen Luftabschluß zu sein, während Eiche, Birke, Tanne, Lärche anscheinend weniger dadurch berührt werden. Im einzelnen erscheint hier noch vieles der Aufklärung bedürftig. Ob die charakteristischste Erscheinung im Wuchse der Heidekiefer, die mangelhafte Entwickelung der Pfahlwurzel, mehr auf Luftmangel in den tieferen Schichten des infolge seiner Kalkarmut und der klimatischen Verhältnisse des Heidegebiets stets sehr zur Verdichtung neigenden Bodens oder mehr auf direkte Wirkung dieser Verdichtung — Zusammenschnürung, Quetschung, Pressung der Wurzel — zurückzuführen ist, muß noch als offene Frage gelten. Dagegen ist das von Graebner erwähnte rasche Nachlassen des Zuwachses nach anfänglichem kräftigen Einsetzen des Frühjahrstriebes wohl eher auf Wechsel in den Feuchtigkeitsverhältnissen mit vorschreitender Jahreszeit als auf solchen in der Durchlüftung des Bodens zu schieben.

Was den Wassermangel betrifft, so betont Graebner neben den Feuchtigkeitsschwankungen infolge von flach anstehenden verdichteten Schichten vor allem auch das Moment der „physiologischen Trockenheit, die auf dem Vorhandensein freier Humussäuren im Boden beruhen soll. Nach den neueren Untersuchungen von Minssen ist diese letztere Annahme aber nicht aufrecht zu halten. Wenn Graebner in der Heide welkende Pflanzen, „die als Kulturpflanzen oder als zufällig dorthin gelangte, nicht zur Heideformation gehörige dort wachsen," außerordentlich häufig gesehen haben will, so ist das sicherlich auf andere Gründe zurückzuführen. Als solche können in Betracht kommen neben dem Austrocknen des Bodens infolge flachen Anstehens einer verdichteten Schicht: Erschwerung des Eindringens der Niederschläge in den Boden infolge von Rohhumusüberlagerung oder von Bodenabschluß durch eine Algendecke; Vorhandensein einer wasserzehrenden Bodenvegetation; endlich die austrocknende Wirkung des Windes, der im Heidegebiet fast ununterbrochen weht. Diese letzten drei Momente läßt Graebner ganz unerwähnt. Auch von der Wirkung einer Ortsteinschicht auf die Wasserführung im Boden und die dadurch hervorgerufene Beeinflussung des Pflanzenwuchses erhält der Leser in der Graebnerschen Darstellung ein wenig zutreffendes Bild. Die eigentliche Ursache des Kümmerns und Absterbens der Pflanzen auf den Ortsteinfeldern soll in der Einpressung der Wurzeln durch den Ortstein liegen. Für diese Anschauung spreche besonders auch die Tatsache, daß das Absterben in den Schonungen immer nur fleckweise vor sich gehe; an solchen Stellen sei die Ortsteinbildung eben schon weiter vorgeschritten, während an andern der Ortstein noch verhältnismäßig weich oder dünn sei und dem Drucke der in die Dicke nachwachsenden Wurzel nachgebe. Bei minder starken Feuchtigkeitsschwankungen trete — wenigstens bei den Nadelhölzern — an Stelle des Absterbens ein ebenfalls charakteristisches Bild: Unterbrechung des normalen Wurzelwachstums durch knotige Anschwellungen mit Harzausscheidung oder Absterben der Spitze und Bildung einer seitenständigen, neuen Fortsetzungswurzel. Diese ganze Darstellung ist nun mindestens sehr einseitig. Derartige Erscheinungen mögen vorkommen; aber ihre Verallgemeinerung ist unzulässig. Die entscheidende Rolle, die hier der Ortsteinumklammerung zugewiesen wird, wird ohne weiteres hinfällig, wenn man erwägt, daß erfahrungsmäßig in der ganz überwiegenden Mehrheit der Fälle die Wurzeln der Holzarten sich überhaupt nicht im Ortstein sondern über dem Ortstein befinden. Daß die Bildung des Ortsteins auch in der Gegenwart noch vor sich geht, ist zweifellos; wahrscheinlich erfolgt sie auch erheblich rascher, als man früher durchweg annahm — jedenfalls aber in der Regel doch nicht so rasch, daß eine aufwachsende Kultur von ihr überholt würde. Die eigentliche Gefahr des Ortsteinuntergrundes liegt lediglich in der Verhinderung des Wasserabflusses in die Tiefe, die bei flach anstehenden Schichten und Böden von geringer Wasserkapazität notwendigerweise zu zeitweiligen großen Extremen im Wassergehalt führen muß. Der Mehrzahl der Pflanzen wird die zeitweilige starke Austrocknung, einzelnen die zeitweilige starke Vernässung des Bodens oder auch der starke Wechsel zwischen beiden gefährlich. Wassermangel im ersteren, Luftmangel im letzteren Falle sind die nächstliegenden Ursachen des Kümmerns, während die von Graebner dafür verantwortlich gemachte Wurzelerkrankung auch hier vermutlich nur eine sekundäre Rolle spielt.

Graebner hält die Nadelhölzer für empfindlicher gegen Feuchtigkeitsschwankungen während des Sommers als die Laubhölzer. Aus den im einzelnen mitgeteilten Ergebnissen der von Arnold Engler angestellten „Untersuchungen über das Wurzelwachstum der Holzarten" scheint allerdings hervorzugehen, daß in der bei Laubhölzern und Nadelhölzern verschiedenen Zeit des Wurzelwachstums ein die letzteren in bezug auf Ausnutzung der Bodenfeuchtigkeit benachteiligendes Moment liegt. Es muß aber darauf hingewiesen werden, daß die Englersche Hypothese über Zeit und Verlauf der Wurzelentwickelung keineswegs unbestritten ist, und daß insbesondere für das hier in Frage stehende Wuchsgebiet gewichtige Bedenken dagegen geltend gemacht sind[1]). Aber selbst wenn sie zuträfe, würde es recht fraglich sein, ob die Benachteiligung nach dieser einen Richtung hin so hoch zu veranschlagen wäre, daß sie für das Gesamtverhältnis zwischen Laubhölzern und Nadelhölzern rücksichtlich der ihnen durch zeitweiligen Wassermangel drohenden Gefahr als ausschlaggebend angesehen werden müßte. Ebenso nahe dürfte mindestens liegen, die verschiedenartige Wurzelausbildung als entscheidende Ursache anzusehen. Denn es sind keineswegs sämtliche Nadelhölzer, die hochgradig unter Trocknis leiden. Tanne, Lärche, Douglastanne zeigen vielfach eine beinah auffallende Unempfindlichkeit dagegen, wenigstens wenn man die beiden wirklich gefährdeten Nadelhölzer, Kiefer und Fichte daneben hält. Da auch die Kiefer auf Heideböden, die nicht durch einen Laubholzvorbestand in durchaus lockerem Zustande erhalten sind, fast nie eine Pfahlwurzel bildet, also vor der Fichte nach dieser Richtung hin nichts voraus hat, während die erstgenannten Nadelhölzer, ebenso wie die Mehrzahl der Laubhölzer, mit ihren Wurzeln in der Regel auch noch tiefere Schichten erreichen, so erklären sich die verschiedenen Folgen oberflächlicher Austrocknung wohl schon dadurch zur Genüge. Im übrigen ist die Frage, ob die Laubhölzer tatsächlich weniger auf zeitweilige starke Herabsetzung des Wassergehalts im Boden reagieren als die Nadelhölzer, auch durchaus nicht ohne weiteres zu bejahen. Die Laubhölzer sterben wohl nicht in gleichem Maße infolge von Dürre ab, was möglicherweise auch nur daran liegen kann, daß sie in der Regel die besseren Böden inne haben und

---

[1]) Vgl. Tacke und Weber, Über einen alten, gutgewachsenen Rotföhrenbestand usw. Zeitschrift für Forst- und Jagdwesen 1905, Heft 11 (S. 717 ff.).

durch die Art ihres Anbaus und ihrer Erziehung vielfach einen stärkeren Schutz gegen Dürre mit auf den Weg bekommen; dafür ist bei ihnen aber um so häufiger ein Kümmern und Hinsiechen zu verfolgen, das in vielen Fällen unzweifelhaft nur auf Wassermangel zurückzuführen ist.

Über den Nährstoffmangel — nach Graebner die bedeutsamste und entscheidendste unter den Ursachen des mangelhaften Gedeihens der Holzpflanzen in der Heide — bedarf es nach dem schon früher Gesagten keiner weiteren Ausführungen mehr. So sehr man damit übereinstimmen kann, daß „geringe Stoffproduktion, schwacher Jahreszuwachs, starke Neigung zu parasitärer Erkrankung, Empfindlichkeit gegen die Einflüsse des Klimas und das Eintreten von Alterserscheinungen bei jugendlichen oder doch lange nicht entwickelten Individuen", wo und soweit diese Erscheinungen mit Sicherheit konstatiert sind, in der Regel auf schlechte Ernährung zurückzuführen ist, so ist doch ebenso nachdrücklich daran festzuhalten, daß diese schlechte Ernährung höchstwahrscheinlich nur in sehr wenigen Fällen auf Mineralstoffarmut des Bodens beruht. So lange aber des Übels Sitz an falscher Stelle gesucht wird, kann auch das Heilmittel nicht in richtiger Weise zur Anwendung gelangen.

Rückhaltlos einverstanden wird man sich dagegen mit dem erklären können, was Graebner über die Wirkungen der klimatischen Faktoren auf den Baumwuchs in der Heide ausführt. Er gelangt zu dem Ergebnis, daß die Entwickelung der Holzpflanzen in der Heide, speziell gegenüber derjenigen im nicht zum Heidegebiet gehörenden ostdeutschen Flachlande, durch folgende klimatische Momente stark beeinflußt werden muß:

Die höhere Luftfeuchtigkeit;

die größere Niederschlagshöhe, die sich in stärkerem Maße auf diejenigen Monate verteilt, in denen die östlicheren Gebiete von Trockenperioden heimgesucht zu werden pflegen;

die durch stärkere Bewölkung hervorgerufene geringe Intensität des Lichteinfalls und der Bodenerwärmung (letztere besonders bedeutsam für die Frühsommermonate);

die große Verdunstungshöhe;

die Temperaturverhältnisse, insbesondere die geringen Differenzen zwischen den Temperaturen der extremen Jahreszeiten, das Auftreten längerer Perioden warmen, feuchten Wetters während des Winters, die geringe sommerliche Wärmemenge, die stärkere Kon-

zentration derselben auf den Nachsommer, die langdauernden Spät=
fröste, der relativ späte Eintritt des ersten Winterfrostes, die Selten=
heit des Schneefalls.

Daß die leider nur zu häufige Nichtberücksichtigung dieser kli=
matischen Besonderheiten des Heidegebiets sowohl bei der Wahl der
Holzart und des Anbauverfahrens wie bei den einzelnen Maßregeln
der Bestandes= und Bodenpflege die Hauptschuld an den zahlreichen
Mißerfolgen der Forstwirtschaft in Nordwestdeutschland trägt, kann
wohl mit Sicherheit angenommen werden. Die klimatischen Fak=
toren, als die durch menschliche Einwirkung am wenigsten beeinfluß=
baren, müssen naturgemäß auch die für die Gestaltung der Vege=
tationsverhältnisse in erster Linie entscheidenden sein, und jeder Ver=
such, dauernd gegen sie zu operieren, muß von vorn herein als
aussichtslos angesehen werden. Die ungemessene Bevorzugung der
klimatisch weniger geeigneten Holzarten Kiefer und Fichte, die An=
zucht reiner Bestände, die Bloßlage des Bodens durch Kahlschlag
oder zu starke Durchbrechung des Kronendachs ohne gleichzeitigen
Schutz durch Unterbau oder sonstige bodenpfleglichen Maßregeln,
die ungenügende Fürsorge für Herausbildung eines ausreichenden
windhemmenden Nebenbestandes — das alles sind Mißgriffe, die
im wesentlichen auf Nichtbeachtung der klimatischen Faktoren beruhen
und daher bei den unter unnatürlichen Verhältnissen aufwachsenden
Beständen mit Notwendigkeit zu mehr oder weniger ausgeprägten
Krankheits= und Kümmerzuständen führen müssen. In der bloßen
Vermeidung solcher Mißgriffe, in der engen Anlehnung der
Wirtschaft an die klimatischen Grundbedingungen ist daher
auch das beste Vorbeugungsmittel gegen die Erkrankung von
Waldbeständen, in der Unschädlichmachung von Bodenzustän=
den, die die Folgen früherer Vernachlässigungen nach derselben
Richtung hin sind, das beste Heilmittel für erkrankte Bestände zu
erblicken.

3. Die Beziehungen zwischen Wald, Heide und Hochmoor.

Wenn es zutrifft, wie Graebner behauptet, daß der Einfluß
der Menschen auf „wilde" Formationen, wie Wiese, Wald, Heide,
Moor, vielfach überschätzt wird, wenn mithin angenommen werden
muß, daß die Herausbildung dieser Formationen durch menschliche
Tätigkeit wohl gefördert oder aufgehalten, nicht aber direkt hervor=
gerufen werden kann, so müßten sich eigentlich gerade für den

Verfasser des Handbuchs der Heidekultur aus dem von ihm auf=
gestellten scharfen Gegensatze von Heide und Wald schwere Be=
denken gegen die Aufforstung der Heide ergeben, während er diese
doch ausdrücklich befürwortet. Graebner scheint sich auch hier
des Widerspruchsvollen, das in seinem Gesamtstandpunkte liegt,
nicht bewußt geworden zu sein. Das Problem der Heideaufforstung
kann aber nicht in befriedigender Weise gelöst werden, ohne daß
über die grundlegenden Beziehungen zwischen Heide und Wald zu=
vor Klarheit geschaffen ist. Entweder sind Heide und Wald tat=
sächlich nah verwandte Vegetationsformen, die auch im natür=
lichen Verlaufe der Dinge ineinander übergehen, sich aus=
einander entwickeln können — dann wird man auch die künstliche
Unterstützung dieses Prozesses unter bestimmten Voraussetzungen als
rationell, normal, wirtschaftlich berechtigt ansehen dürfen; oder Heide
und Wald gehören zwei ganz verschiedenen Zweigen des natürlichen
Systems der Vegetationsformationen an — dann tritt die durch
Umwandlung von Heide in Wald geschaffene neue Formation ganz
aus dem Rahmen der „wilden“ Formationen heraus und wird zu
einer ausgesprochenen Kulturformation, die nur durch unausgesetzte
weitere Einwirkung des Menschen als solche erhalten werden kann,
nicht aber in sich selbst schon die Bedingungen dauernder Existenz
findet. Ob ein derartiges Kunstprodukt überhaupt Objekt einer
rationellen Forstwirtschaft sein kann, dürfte allerdings sehr fraglich
erscheinen. Wenn durch die Aufforstung nicht wirkliche Wälder
wiedergeschaffen werden, Formationen also, die in ihrer gesamten
natürlichen Weiterentwickelung, in ihren dauernden Existenzbedin=
gungen mit den urwüchsigen Wäldern sich decken, so ist die Auf=
forstung im günstigsten Falle ein gewagtes Spiel, das sich unter
Umständen als eine große wirtschaftliche Verirrung herausstellen
könnte.

Wer im Gegensatz dazu in der Aufforstung eine wirklich ratio=
nelle bodenwirtschaftliche Betätigung sieht, hat mithin allen Grund,
den Graebnerschen Standpunkt in bezug auf die Beziehungen
zwischen Heide und Wald eingehend auf seine Berechtigung nach=
zuprüfen. Die Fragen, um die es sich dabei handelt, betreffen
1. die Existenzbedingungen beider Formationen, 2. den tatsächlichen
historischen Vorgang bei der Entstehung der Heide, 3. die mutmaß=
liche künftige Fortbildung von Wald und Heide unter der Voraus=
setzung fehlender menschlicher Eingriffe. Erst wenn diese drei Fragen

völlig geklärt sind, wird man an die Beantwortung der letzten, für die Praxis entscheidenden Frage gehen dürfen: welcher Art die menschlichen Eingriffe sein müssen, um die Weiterentwickelung in Bahnen zu leiten, die dem menschlichen Interesse entsprechen, ohne den natürlich gegebenen Verhältnissen Zwang anzutun.

Aus Zweckmäßigkeitsgründen möge zunächst mit der Beantwortung der dritten Frage begonnen werden: was würde aus unsern Heiden, was würde aus unsern Wäldern im Heidegebiet werden, wenn sie von heute an völlig sich selbst überlassen blieben? Während wir bei den andern beiden Fragen mehr oder weniger in das Gebiet der Spekulation hinübergreifen müssen, steht uns hier ein, wenn auch beschränktes, so doch der Möglichkeit jederzeitiger Nachprüfung unterliegendes Tatsachenmaterial zur Verfügung. Es gibt noch heute zahlreiche Heiden und immerhin vereinzelte Heidewälder, in denen die menschliche Einwirkung während eines genügend langen Beobachtungszeitraums so gut wie ausgeschaltet gewesen ist und ein dem reinen Naturzustande wenigstens recht nahe kommender Prozeß sich unmittelbar vor unsern Augen abgespielt hat. Wenn irgendwo, dürfen wir also hier auf leidlich festen Boden unter unsern Füßen rechnen.

Der bekannte Ausspruch Cottas in der Vorrede zur ersten Auflage seiner Anweisung zum Waldbau: „Wenn die Menschen Deutschland verließen, so würde dies nach 100 Jahren ganz mit Holz bewachsen sein“, soll nach Graebner, der sich hierin im wesentlichen auf Ramann stützt, für das Gros der nordwestdeutschen Heiden nicht zutreffen. Ramann erklärt direkt (Bodenkunde, S. 189): „Die Schlußformation der Heideböden ist normal ein Hochmoor.“ Ich habe vergebens nach Belegen für diese Theorie gesucht, die dem mit der Heide vertrauten Praktiker geradezu unverständlich sein muß. Alles, was man bei Ramann nach dieser Richtung hin ausgeführt findet, belegt doch höchstens, daß Hochmoore unter Umständen aus Heiden hervorgehen können, — eine Tatsache, die gewiß nicht bestritten werden soll, aber doch keinen Anhalt dafür bietet, daß dies nun das regelmäßige und normale Schicksal aller oder auch nur der Mehrzahl der Heiden sein müßte. Ramanns eigene Angaben über den Bau der Hochmoore bilden die beste Widerlegung dieser Annahme. Er führt nämlich als regelmäßige Schichtenfolge in der Richtung von unten nach oben an:

1. Waldtorf — Reste des ursprünglichen Waldes; Mächtigkeit bis zu 1 m;

2. unterer Moostorf — stark zersetzte Reste von Sphagneen und Wollgras; Mächtigkeit 2—3 m;

3. Grenzschicht — Reste von Wollgras, Heide usw., gelegentlich auch von Bäumen, kurz von Pflanzenarten, welche auch die Bülten der Moore tragen; Mächtigkeit in der Regel nur 30 cm;

4. oberer Moostorf — schwach zersetzte Reste von Sphagneen und Wollgras; Mächtigkeit 1,5—3 m.

Wie läßt sich aus dieser die Regel bildenden Zusammensetzung der Hochmoore der Rückschluß auf eine vorhergehende Heideformation ziehen? Augenscheinlich haben sich doch die Torfmoose — genau wie sie das auch heute noch tun — unmittelbar auf dem Rohhumus der Wälder angesiedelt, und erst nachdem das Moor bereits ausgebildet war, hat vorübergehend eine trockene Periode geherrscht, in der sich eine Heidevegetation herausbilden konnte. Daß Heiden, deren Abfälle in besonders ungünstigen Ausnahmeverhältnissen besonders starke Rohhumusmassen erzeugen, sich allmählich in Hochmoore umwandeln, ist ja denkbar. Bei der überwiegenden Mehrzahl der westelbischen Heiden — in denen Rohhumusansammlungen von solcher Stärke glücklicherweise noch nicht die Regel bilden — liegt aber kein zwingender Grund zu der gleichen Annahme vor. Man wird vielmehr im großen und ganzen Borggreve beistimmen müssen, der schon 1875 in seiner Schrift „Heide und Wald“ nachdrücklich die Gültigkeit des erwähnten Cottaschen Ausspruchs auch für das Heidegebiet verfocht und sich dabei auf das Verhalten zahlreicher eingezäunter oder sonst geschonter Heideflächen stützen konnte[1]). Man sucht die Beweiskraft derartiger Belege wohl dadurch abzuschwächen, daß man die Ansiedlung der Holzpflanzen mit besonders günstigem Boden, also mit Ausnahmeverhältnissen, erklärt oder daß man das dauernde Gedeihen dieser Pflanzen in Frage stellt und ihre baldige Wiederverdrängung durch die Heide als wahrscheinlich bezeichnet. Beiden Behauptungen vermag aber jeder mit den örtlichen Verhältnissen der Heide näher Vertraute so zahlreiche Beispiele des Gegenteils entgegenzustellen, daß wirklich

---

[1]) Vergl. dazu auch: Weber, Über Erhaltung von Mooren und Heiden im Naturzustande. Abhandlungen des naturwissenschaftlichen Vereins Bremen. XV, 1901.

schon ein gewisser Mut dazu gehört, sie noch immer aufrecht zu halten. Nehmen wir zwei Kategorien von Böden, deren Gesamt= umfang im Vergleiche zu dem verbleibenden Reste der Heideflächen ein äußerst geringer ist, aus, nämlich die unter hochgradigen Extremen der Feuchtigkeit leidenden und die mit abnorm starken Trockentorfschichten überlagerten, so zeigt sich auf allen sonstigen heidewüchsigen Böden Nordwestdeutschlands schon nach kurzer Scho= nung ein spontaner Holzwuchs — auch auf armen Bleisanden, auch über Ortstein! Und wo die völlige Schonung nur längere Zeit hindurch streng durchgeführt ist, hat sich der spontan ange= siedelte Waldbestand auch überall als solcher zu behaupten gewußt. Das Kümmern und Absterben einzelner Holzarten, die künstlich auf solche Böden gebracht sind, beweist nur, daß diese Holzarten — insbesondere Kiefer und Fichte — nicht die zunächst geeigneten waren, ohne ganz besondere Wirtschaftshilfen den Boden für die Waldformation wieder zu erobern. Mit den natürlich sich ansiedeln= den Birken, Aspen, Weiden und sonstigen Weich= und Strauch= hölzern, die stets als die naturgemäßen Pioniere des Waldes anzu= sehen sind, machen wir durchweg ganz andere Erfahrungen.

Muß die natürliche Weiterentwickelung unserer Heiden — von Ausnahmen abgesehen — ausmünden im Walde, so sprechen anderer= seits viele Erscheinungen im Leben des Waldes dafür, daß auch er unter den klimatischen Verhältnissen Nordwestdeutschlands hier keine dauernde Vegetationsform darstellt. Soweit der Stand unserer heutigen Kenntnisse ein einigermaßen zutreffendes Bild von der Vergangenheit des nordwestdeutschen Waldes gestattet, waren es zunächst Aspe und Birke, dann Kiefer, Fichte und Eiche, die im Laufe der Generationen zur entschiedenen Vorherrschaft gelangten. Erst auf diese folgte die Buche, die — sofern nicht inzwischen schon menschliche Einwirkung die Richtung des natürlichen Verlaufes ab= änderte — langsam aber sicher den alten Waldcharakter zerstörte und schließlich annähernd Alleinherrscherin wurde. Wollen wir uns ein Zukunftsbild unter der gleichen Voraussetzung — also der fehlenden menschlichen Einwirkung — ausmalen, so werden wir zu= nächst damit rechnen müssen, daß die heute in Nordwestdeutschland so zahlreich vorhandenen reinen Nadelholzbestände eine so nach= drückliche Umbildung des Bodens bewirkt haben, daß die Buche hier nicht mehr ohne weiteres die Vorbedingungen finden würde, die ihr die allmähliche Verdrängung aller übrigen Holzarten er=

möglichten. An Stelle der Buche würde nunmehr mutmaßlich viel=
fach die Fichte treten, die unempfindlicher gegen saure Reaktion
des Bodens ist als die Laubhölzer und sich wegen ihrer dunkleren
Beschattung schließlich auch wohl der Kiefer überlegen erweisen
würde. In beiden Fällen aber — ob also annähernd reiner Buchen=
wald oder annähernd reiner Fichtenwald die letzte Form bildete —
würde damit noch nicht das Ende der Entwickelung erreicht sein.
Was unter den klimatischen Verhältnissen Nordwestdeutschlands aus
reinen Schattenholzbeständen wird, wenn sie sich völlig selbst über=
lassen bleiben, läßt sich an zahlreichen Belegstücken mit Sicherheit
verfolgen: Heide oder Hochmoor. Welcher von diesen beiden Fällen
eintritt, hängt zunächst wohl von örtlichen Verhältnissen — Lage
und Bodenart — ab, weiterhin aber auch von Zufälligkeiten der
Witterung und sonstigen Elementarereignissen. Hat die Rohhumus=
ansammlung, die infolge des Zusammenwirkens des atlantischen
Klimas mit der Kalkarmut des Bodens bei humusbildenden Holz=
arten nach Verlauf weniger Bestandesgenerationen mit Notwendig=
keit eintreten muß, einen gewissen Grad erreicht, so hört die Möglich=
keit der natürlichen Verjüngung auf, während gleichzeitig das Ab=
sterben der im durchwurzelten Raume immer stärker im Luft= und
Wassergenusse beschränkten alten Stämme einsetzt. Je nachdem dieser
Untergang des Bestandes rascher oder langsamer erfolgt und damit
einer lichtbedürftigen Gräserflora Gelegenheit geboten wird, sich
auf einer noch mäßigen oder schon stärkeren Rohhumusdecke anzu=
siedeln, treten nun Heidepflanzen oder Hochmoorpflanzen die Erb=
schaft an. Auf mäßigen Rohhumusschichten, die mit allmählich
zurücktretendem Bestandesschirme stärker austrocknen und daher den
wasserbedürftigen Torfmoosen keine dauernde Existenz ermöglichen,
andrerseits aber einer gewissen Zersetzung durch jene zunächst sich
ansiedelnden Grasarten noch fähig sind, gewinnt die Heide die Ober=
hand, da auch die Gräser dieser auf die Dauer nicht gewachsen
sind. Haben die Rohhumusmassen aber schon solche Mächtigkeit
erreicht, daß ihre völlige Austrocknung auch nach erfolgter völliger
Freilage nicht mehr stattfindet, so werden schließlich die Torfmoose
das Feld behaupten und die Fläche allmählich in Hochmoor um=
wandeln. In diesem Falle hat der Prozeß seinen endgültigen Ab=
schluß erreicht; das Hochmoor ist auch in Nordwestdeutschland
eine Dauerformation. Nicht so die Heide, die oft nur ein kurzes
Interregnum darstellt, um alsbald wieder der allmählichen Besitz=

ergreifung durch Birke, Aspe, Weide usw. — denen sich unter den heutigen Verhältnissen vermutlich auch die Nadelhölzer gleich im ersten Anlaufe zugesellen würden — zu verfallen.

Ich wiederhole: Dieses letzte Stadium des Prozesses, die allmähliche Verwandlung des Waldes in Heide oder Hochmoor, ist noch heute an zahlreichen Beispielen im nordwestdeutschen Flachlande zu beobachten. Es handelt sich dabei also nicht um spekulative Erwägungen, sondern um einfache, jederzeit nachprüfbare Tatsachen. Und diese Tatsachen lassen sich auch nicht ohne weiteres beiseite schieben, wenn wir nunmehr zu der Beantwortung der nächsten Frage, der nach dem mutmaßlichen historischen Entstehungsgange der Heide, schreiten. Hätte Borggreve, dessen spekulatives Genie in forstlichen Dingen niemand bestreiten wird, in seiner geistreichen Abhandlung über Heide und Wald nur etwas mehr das vorliegende Tatsachenmaterial respektiert (seiner eigenen Angabe nach war ihm das Hauptgebiet der Heide zur Zeit der Abfassung der erwähnten Schrift aus eigener Anschauung so gut wie unbekannt), so würde er vermutlich nicht zu dem — etwas Richtiges in sich schließenden, in seiner extremen Fassung aber unhaltbaren — Satze gelangt sein, daß die Heide ihre Entstehung lediglich der menschlichen Wirtschaftstätigkeit, in erster Linie der zunehmenden Beweidung durch Schafe, verdanke. Richtig ist in dem Gedanken, daß ohne Schafweide, ohne Plaggenhieb, ohne Brände, kurz ohne menschliche Eingriffe, die überwiegende Mehrzahl der Heiden sich allerdings nicht lange als Heiden gehalten hätten. Aber Entstehungsursache der Heide war das Schnuckenschaf nicht, wie deutlich aus den Fällen zu ersehen ist, wo sich gelegentlich noch heute ohne Schafweide Wald in Heide umwandelt. Entstehungsursache war die Rohhumusansammlung, die, seit Jahrtausenden wirksam, vielleicht schon ungezählte Male an derselben Stelle einen Wechsel zwischen Heide und Wald hervorgerufen hatte, von dem nachträglich freilich alle Spuren verwischt sind und verwischt werden mußten. Erst mit dem Eingreifen der menschlichen Wirtschaft wurde dieser Wechsel unterbrochen, und damit zwar nicht die Entstehung, wohl aber die länger andauernde Erhaltung des Heidestadiums herbeigeführt — sofern nicht inzwischen schon nach Untergang einer der intermittierenden Waldgenerationen durch irgend welche Zufälligkeiten die Torfmoose statt der Heidepflanzen die Oberhand bekommen hatten, die dann den Prozeß zugunsten der Entstehung eines Hochmoors endgültig abschlossen.

Die Graebnersche Darstellung der Entstehung der Heideformation deckt sich in manchen Punkten mit der vorstehenden Auffassung; in manchen andern weicht sie erheblich davon ab. Für den Untergang des Waldes macht Graebner zwar auch — hierin ebenfalls ein Gegner der Borggreveschen Theorie — den Rohhumus mit verantwortlich, legt aber das Hauptgewicht doch auf die Ortsteinbildung, was mit der Tatsache des Vorhandenseins zahlreicher ortfreier Heiden nicht in Einklang zu bringen ist. Daß die Rohhumusanhäufung für sich allein schon die völlig ausreichende Ursache des Versagens der natürlichen Verjüngung sein kann, scheint Graebner nicht denkbar, weil er eben von der irrigen Voraussetzung ausgeht, daß die jungen Baumsämlinge im wesentlichen durch Nährstoffmangel zugrunde gingen. Die wahre Ursache des Versagens der natürlichen Verjüngung liegt aber in den Feuchtigkeitsextremen, die jeder stärkeren Rohhumusschicht eigen sind und zur Folge haben, daß die Mehrzahl der abfallenden Samen — wenigstens der größeren — im Boden verfault, während die aus dem verbleibenden Reste entstehenden Pflanzen allmählich an Dürre oder auch an einem temporären Übermaß an Feuchtigkeit wieder zugrunde gehen — auch wenn sie, wie Möller dies für die Kiefer nachgewiesen hat, im Rohhumus zunächst gut ankeimen und einige Jahre hindurch ein scheinbar normales Gedeihen zeigen.

Was die von Graebner an zweiter Stelle erwähnte Entstehungsart der Heide — auf nacktem Boden — betrifft, so finde ich keinerlei Grund dafür, daß dieser nackte Boden mit Notwendigkeit gerade armer Sandboden sein muß. Graebner geht in seiner Darstellung von Dünensanden aus, sieht sich aber selbst zu dem Zugeständnis genötigt, daß diese unter Umständen recht erhebliche Mengen von aufnehmbaren Nährstoffen enthielten. Ich habe mit eigenen Augen wiederholt auch guten Ackerboden, der als solcher aufgegeben wurde und dauernd brach liegen blieb (derartige Fälle gehören in dünn bevölkerten Teilen des Heidegebiets durchaus nicht zu den Seltenheiten), im Verlaufe weniger Jahre sich in Heide umwandeln sehen. Unter dem Einflusse des atlantischen Klimas muß eben jeder bloßliegende und unberührt bleibende Boden, dessen Kalkgehalt nicht ziemlich erheblich über den des großen Durchschnitts der nordwestdeutschen Flachlandsböden hinausgeht, nach einiger Zeit zunächst der Heide anheimfallen. Ich stimme Graebner daher auch darin vollkommen zu, daß diese Entstehungsart der Heide als die eigent-

5*

lich ursprüngliche zu betrachten ist, die sofort bei dem ersten Ein=
wandern unserer Flora nach dem Abschmelzen des Inlandeises ihre
Rolle zu spielen begann. Die Heide, oder doch eine heidenartige
Formation, nicht der Wald, war die erste Vegetationsform in Nord=
westdeutschland, die zeitweilig das gesamte in Frage stehende Gebiet,
mit Ausnahme etwa der ausgeprägten Mergelböden und der ver=
sumpften oder überschwemmten Stellen, in Besitz gehabt haben muß.
Was mir aber durchaus unwahrscheinlich erscheint, ist, daß sich von
diesen ursprünglichen, aus den Zeiten des ersten Eindringens eines
höheren Pflanzenlebens in Nordwestdeutschland stammenden Heiden
noch irgend welche Reste bis in die Gegenwart hinein erhalten
haben sollten. Diese vor ungemessenen Zeiträumen entstandenen
Heiden mußten sich vielmehr schon längst, ehe eine partielle Urbar=
machung des Landes durch den Menschen erfolgte, in Wald —
ganz vereinzelt auch in Hochmoor — umgewandelt haben; und die
heutigen Heiden sind wohl ausnahmslos entweder aus Wäldern
hervorgegangen oder auf solchen nackten Böden entstanden, deren
Bloßlage weit jüngeren Datums ist: aufgegebenes Ackerland, rezente
Dünen oder Sandschellen. Graebner betont im Gegensatz dazu
die Stetigkeit der Heideformation: „Es gibt Heiden, die bestimmt
seit dem Mittelalter Calluna tragen.“ Gewiß! Wenn er aber fort=
fährt: „Nehmen wir nun an, daß die Heiden ganz ungestört ge=
wachsen sind“ — so wird eben mit dieser Annahme kurzweg das
ganze Problem auf den Kopf gestellt. Wo sind denn die Heiden,
die nachweisbar seit dem Mittelalter ganz ungestört gewachsen
sind? Für gewisse Zeiträume, die aber selten die Dauer eines
Menschenalters überschreiten, läßt sich das absolute Fernbleiben
menschlicher Einwirkung auf einzelne Heideflächen einwandfrei fest=
stellen. Darüber hinaus beginnt durchweg das Reich der Ver=
mutung. Die Wirtschaftsgeschichte Nordwestdeutschlands weist lokal
so außerordentlich viele Schwankungen in der Nutzbarmachung des
Bodens auf, daß irgend welche Generalisierung nach dieser Rich=
tung hin ganz unstatthaft sein würde.

Über die Entstehung der Heide aus einem Heidemoor und über
die Entstehung der Heidemoore selbst fußen die Graebnerschen
Ausführungen im großen und ganzen auf den bekannten Forschungs=
ergebnissen Webers und werden daher soweit als zutreffend aner=
kannt werden müssen. Es gilt dies aber nur für die Grundzüge;
im einzelnen erregt auch hier die Darstellung manche Bedenken.

Daß unter den Entstehungsarten eines Hochmoors in dem einschlägigen Kapitel die Entstehung aus einer echten Heide nicht ausdrücklich erwähnt wird, beruht vielleicht nur auf einem Zufalle. Es ist dies wenigstens anzunehmen, da Graebner sonst durchaus an den engen Beziehungen zwischen Heide und Hochmoor festhält. Auch ich halte, wie oben schon erwähnt, die Umwandlung einer Heide in ein Hochmoor für möglich und, in einer allerdings recht beschränkten Anzahl von Fällen, für die wahrscheinliche Entstehungsursache einzelner unserer heutigen Hochmoore. Aber ein häufiges oder gar regelmäßiges Auftreten dieses Falles erscheint mir ausgeschlossen. Wo überhaupt die Bedingungen der Entstehung eines Hochmoores auf dem Trockenen gegeben sind, dürfte es doch wohl näher liegen, als Regel die erste Ansiedlung der Torfmoose unmittelbar auf dem Rohhumus der Wälder oder auf einem durch dichte Struktur oder Algenüberzug gegen das Eindringen der Tagewässer stärker verschlossenen nackten Boden anzunehmen, ohne daß es erst des Zwischengliedes der Heide bedürfte.

Irrtümlich ist es, wenn Graebner auch für die Entstehung von Hochmoor wieder den nährstoffarmen Untergrund als Vorbedingung hinstellt. Ich bin in der Lage, ihm Hochmoorbildung, ohne vorgängige Wiesenmoorbildung, direkt auf mineralstoffreichem, nur an Kalk armem Flottlehmboden nachzuweisen. Es genügt durchaus, daß der Boden stark verschlossen und ein äußerer Zufluß von nährstoffreichem Wasser ausgeschlossen ist. Die sich ansiedelnden Wasserpflanzen sind dann ausschließlich auf den Nährstoffgehalt des oberflächlich angesammelten, von den Niederschlägen herrührenden Wassers angewiesen, der allerdings zu einer höheren Stoffproduktion nicht ausreicht und daher den bedürfnislosen Torfmoosen allmählich die Vorherrschaft sichert.

Bei der Darstellung der Hochmoorbildung aus Wald berührt es auffällig, daß Graebner mitteilt, es habe ihm lange nicht gelingen wollen, eine solche Versumpfung eines Waldes im Entstehen zu beobachten. Leider sind derartige Fälle in unsern nordwestdeutschen Wäldern zahlreich genug, wenn auch zurzeit wohl meist noch auf kleinere Flächen beschränkt. Machen wir aber mit unserer gegenwärtigen forcierten Nadelholznachzucht im Heidegebiet nicht bald Halt, so wird vielleicht schon die Dauer einer einzigen weiteren Bestandesgeneration genügen, um auch dem Vertrauensseligsten die Augen zu öffnen. Ob Graebner sich dieser großen Gefahr für

unsere nordwestdeutschen Wälder im vollen Umfange bewußt ge=
worden ist, läßt sich aus seiner Schilderung der Vorgänge nicht
ohne weiteres ersehen. Er führt zwei Fälle der Versumpfung eines
Waldes an: durch Fortwachsen des Sphagnumpolsters eines Hoch=
moors in den benachbarten Wald hinein und durch spontane An=
siedlung der Torfmoose in einem Niederungswalde, dessen Boden
durch Wiesenmoor gebildet wird. Bei diesem letzteren Falle bleibt
es wieder zweifelhaft, wie sich Graebner den Prozeß im einzelnen
denkt. Seine Darstellung läßt es völlig offen, ob man sich den
der Vermoorung verfallenden Wald als erst nachträglich auf dem
Wiesenmoor entstanden denken soll oder als einen ursprünglichen
Wald, dessen Boden sich allmählich in Wiesenmoor umgewandelt
hat. Was Graebner aber auch im Auge gehabt hat, die Regel
bildet weder der eine noch der andere Fall. Die Regel ist viel=
mehr, wie schon erwähnt, daß die Torfmoose sich unmittelbar auf
den Rohhumusschichten des Waldes ansiedeln, der Übergang von
Wald zu Hochmoor also direkt erfolgt. Man versteht nicht recht,
warum dieser häufigste und typischste Fall ganz unerwähnt bleibt,
und warum die beiden, an sich durchaus verschiedenartigen, im Ein=
zelfall vielleicht einmal kombiniert auftretenden Entstehungsarten eines
Hochmoors, aus Wald und aus Wiesenmoor, in der Darstellung
Graebners verquickt erscheinen.

Vielleicht steht Graebner auch hierin unter dem Banne, der
auf der Gesamttendenz seines Buches lastet, der Anschauung näm=
lich, daß eine natürliche Einteilung der Vegetationsformationen mit
Notwendigkeit von der Verschiedenheit des Nährstoffgehalts im Bo=
den ausgehen müsse. Für ihn bilden Sandfeld, Kiefernwald, Heide
und Hochmoor eine natürliche Formationsgruppe, der auf der andern
Seite aller sonstige Wald, Wiese und Wiesenmoor gegenüber stehen.
Die Schwäche dieses Systems geht schon daraus hervor, daß die
Waldformation in zwei heterogene Glieder zerrissen wird. Ganz
unzutreffend ist aber die Eingliederung der Heideformation, da die
Graebnersche Voraussetzung, daß die Heide an nährstoffarme Bö=
den gebunden sei, überhaupt nicht zutrifft. Bei dem gewählten Ein=
teilungsprinzip würde man also auch die Heide in zwei, in ihrer
Gesamterscheinung kaum voneinander zu unterscheidende Formationen
auflösen und diese an weit voneinander entfernten Stellen des
Systems unterbringen müssen. Vor allem werden aber die Be=
ziehungen, die zwischen Wald und Heide einerseits, Heide und Hoch=

moor andrerseits bestehen, völlig verdunkelt, da Wald und Heide als ausgeprägte Gegensätze, Heide und Hochmoor als mehr oder weniger ineinander übergehende Formen erscheinen.

Nichts ist aber irrtümlicher und nichts birgt für die wirtschaftliche Zukunft der Heide eine größere Gefahr in sich als diese Anschauung. Man sollte doch nicht übersehen, daß schließlich auch die Heide zu den Holzgewächsen gehört, daß der Unterschied zwischen einer mit zahlreichen niedrigen Sträuchern durchsetzten Heide und einem aus Weichhölzern bestehenden Buschwalde schwerlich größer ist als der zwischen letzterem und einem normalen Laub- oder Nadelholzhochwalde. Andrerseits dürfte aber etwas fester an den doch sehr markanten Unterschieden zwischen einer Heide- und einer Hochmoor-Vegetation festgehalten werden. Aus dem Umstande, daß sich auf einem Hochmoor, dessen Oberfläche aus irgend welchem Grunde eine stärkere Austrocknung erfahren hat, oft eine Vegetation einfindet, in der Erica oder Calluna überwiegen, hat man unzulässigerweise Heidepflanzen und Hochmoorpflanzen zusammengeworfen. Es gibt aber auch außer den Torfmoosen noch eine Reihe spezifischer Hochmoorpflanzen, die die echte Heideformation meiden oder doch nur ganz vereinzelt in ihr auftreten. Sobald die Flora eines Hochmoors nicht mehr von denselben Pflanzenarten gebildet wird, deren Abfälle zur Entstehung des Hochmoors geführt haben, wird stets sorgfältig zu unterscheiden sein, ob es sich noch um eine wirkliche Hochmoor-Vegetation oder eine Heide-Vegetation auf Hochmoor handelt.

In welcher Beziehung Wald, Heide, Hochmoor zueinander stehen, ergibt sich am besten, wenn man von den Existenzbedingungen dieser drei Formationen ausgeht.

Bedingung für die Entstehung und Fortdauer einer Waldvegetation — im engeren Sinne, d. h. ohne Berücksichtigung von Auewald und Erlenbruch — ist Ausschluß extremer Feuchtigkeitsverhältnisse und extremer Nährstoffarmut des Bodens. Überall, wo durch klimatische und pedologische Faktoren das Auftreten einer länger anhaltenden sommerlichen Ruheperiode infolge von zu starker Austrocknung des Bodens verhindert wird, wo andrerseits die Lage- und Untergrundsverhältnisse stärkeren Ansammlungen der Bodenfeuchtigkeit vorbeugen, und wo endlich die den Wurzeln zugängliche Bodenschicht nicht ganz arm an aufnehmbaren Mineralsalzen ist, muß bei ungestörter Entwicklung allmählich ein Wald entstehen.

Daß in armen, aber tiefgründigen Sandböden der Nährstoffmangel je soweit gehen könnte, daß lediglich aus diesem Grunde schon (also nicht wegen der gleichzeitig einwirkenden Dürre) die Waldbildung hier unmöglich wäre, halte ich für ausgeschlossen. Selbst ganz ausgelaugte Bleisandböden mit nahe unter der Oberfläche verlaufender Ortsteinschicht enthalten durchweg noch ein ausreichendes Mineralstoffquantum, um einen wenn auch kümmerlichen Wald dauernd zu ernähren. Erst bei den ärmsten Moorböden dürfte hin und wieder die Grenze erreicht werden, wo der Wald das zu seiner Ernährung erforderliche Quantum Mineralstoffe im Boden nicht mehr vorfindet. In der Regel werden aber selbst in solchen extremen Fällen die ungünstigen Feuchtigkeitsverhältnisse das an erster Stelle entscheidende Moment bilden. In Nordwestdeutschland, wo klimatische Faktoren die Steppenbildung ausschließen, würden demnach lediglich die mehr oder weniger der Versumpfung ausgesetzten und die mit stärkeren Rohhumus- oder Torfmassen bedeckten Böden als der Bewaldung unzugänglich anzusehen sein.

Die Existenzbedingungen der Heide unterscheiden sich von denen des Waldes nur in sehr wenigen Punkten. Bei annähernd denselben Ansprüchen an den Feuchtigkeitsgehalt des Bodens sind die Heidepflanzen noch weniger abhängig vom Nährstoffgehalt desselben. Sie passen sich reichen wie armen Böden an und vermögen selbst ganz extreme Fälle von Bodenarmut noch zu ertragen, wenn sie auch nicht, wie die Hochmoorpflanzen, direkt an solche gebunden sind. Andrerseits scheint ihre Vorherrschaft durch hohe Luftfeuchtigkeit und durch das stärkere Vorhandensein von Säuren im Boden bedingt zu sein — nicht in dem Sinne, daß sie derartigen Boden „liebten" und auf neutral oder alkalisch reagierendem kränkelten, sondern daß sie auch hier hochgradig unempfindlich und daher in der Lage sind, auf stark versäuerten Böden noch mit Erfolg in Wettbewerb mit andern Pflanzenarten zu treten, denen sie auf allen sonstigen Böden alsbald erliegen müßten. So wird es erklärlich, daß die Heideformation auf ein eng beschränktes Gebiet von ausgesprochener standörtlicher Eigenart beschränkt bleiben muß. Außerhalb dieses Gebietes müssen die Heidepflanzen entweder absolut oder relativ an ihrer Konkurrenzfähigkeit Einbuße erleiden: absolut wegen der durch verringerte Luftfeuchtigkeit herabgesetzten Wachstumsenergie; relativ, weil die mit zunehmendem Kalkgehalt eintretende stärkere Neutralisierung des Bodens ihnen bei ihrer Unempfindlichkeit gegen ein Mehr oder Minder an Bodenversäuerung nicht in den gleichen Maße zustatten kommt wie den meisten andern Pflanzengruppen. Erklärlich wird ferner, warum die Heide bei ungestörten Verlaufe der Entwicklung in der Regel keine Dauer haben kann sondern sich schließlich wieder in Wald — ausnahmsweise auch ir Hochmoor — umwandeln muß.

Voraussetzung für die Entstehung einer Hochmoor-Vegetation ist Nährstoffarmut (vielleicht lediglich Kalkarmut?) und Wasserüberfluß. Die Nährstoffarmut braucht nicht direkt durch einen armen Untergrund bedingt zu sein. Auch ein reicherer, aber verdichteter, der Pflanzenwurzel nur in geringem Grade zugänglicher Untergrund, zumal in Tieflagen, die die oberflächliche Ansammlung der Tagewässer und damit die Entstehung einer im Wasser lebenden Flora begünstigen, kann Anlaß zur Hochmoorbildung werden. Ist aber der Nährstoffgehalt des den Pflanzenwurzeln zugänglichen Raumes zu gering, um noch den Waldbäumen, andrerseits der Wassergehalt nicht ausreichend, um schon den Hochmoorpflanzen das erforderliche Übergewicht zu geben, so kann auf derartigen Böden ausnahmsweise einmal der Fall eintreten, daß auch die Heide dauernd herrschend wird. Die Bedingungen dafür sind aber nur gegeben, wo ein auf weiten Strecken völlig ebenes Gelände mit einer mäßigen Rohhumusschicht von ganz gleichmäßiger Mächtigkeit und Zusammensetzung überlagert oder in ganz gleichmäßiger Tiefe von einer flach anstehenden Ortsteinschicht unterlagert ist. Auf diese Weise ist es unter Umständen möglich, daß der Abfluß der Tagewässer vollständig gleichmäßig erfolgt und bei zeitweiligen stärkeren Dürreperioden nirgends Stellen zurückbleiben, in denen die wasserhungrige Hochmoorvegetation eine letzte Zuflucht findet. Aber schon geringe Unebenheiten, ebenso wie eine größere Mächtigkeit der aufliegenden Rohhumusschicht, bei der völlige Austrocknung überhaupt nicht mehr eintritt, genügen schon, derartige Zufluchtsstätten zu schaffen, von denen aus die Torfmoose mit unverwüstlicher Zähigkeit immer wieder den Kampf mit den Heidepflanzen aufnehmen, um schließlich doch Sieger zu bleiben und die allmähliche Vermoorung des Geländes herbeizuführen. Denn sobald es den Torfmoosen in einem besonders niederschlagsreichen Jahre erst einmal gelungen ist, nicht nur in den Vertiefungen weiter zu vegetieren, sondern auch beim Fortwachsen eine kleine Erhebung glücklich zu überwinden, gestaltet sich von nun an, infolge der gesteigerten Wasseraufspeicherung, ihr weiteres Wachstum meist äußerst rapide.

Heide, die bei ungestörter Entwickelung sich von selbst in Wald umwandeln muß — Heide, die unter der gleichen Voraussetzung dauernd Heide bleibt — endlich Heide, die mit Notwendigkeit in einem Hochmoor enden muß: das sind drei Formen der Heideformation, die nicht streng genug auseinander gehalten werden können. Graebner hat zwischen diesen drei Formen niemals mit der erforderlichen Schärfe und Klarheit unterschieden, während doch Ramann — der ihm in der Gesamtauffassung der Heideformation sonst ziemlich nahe zu stehen scheint — immerhin schon ein Zugeständnis nach dieser Richtung hin macht. Es heißt bei ihm (Bodenkunde, S. 421): „Allerdings darf man nun nicht die Sache auf den Kopf stellen und jede mit Heidewuchs überzogene Fläche, die vielleicht nur kurzer Schonung bedarf, um sich wieder mit Wald zu bedecken, für ein Glied der Heideformation erklären." Der richtige Grundgedanke dieses Satzes wird freilich wieder dadurch verdunkelt, daß Ramann die Regel für die Ausnahme und umgekehrt die Ausnahme für die Regel nimmt. Ich glaube, die große Mehrzahl aller derjenigen, deren tägliches Arbeitsfeld die Heide ist, wird mir darin zustimmen, daß die Voraussetzungen, unter denen die Umwandlung von Heide in Wald vorläufig direkt ausgeschlossen ist, nur für einen sehr geringen Bruchteil der ausgedehnten Heideflächen Nordwestdeutschlands zutreffen.

Ob auch dieser Bruchteil — der sich aus Heiden mit sehr starker Rohhumusschicht, Heiden auf sehr flach anstehendem Ortstein und Heiden auf Hochmoor zusammensetzt — nicht in Zukunft doch noch auf die eine oder die andere Weise der Forstkultur zu erschließen ist, mag heute als offene Frage gelten. Das nächstliegende Arbeitsfeld für den Forstmann der Heide wird aber unter den Verhältnissen der Gegenwart nur das ausgedehnte Gebiet sein können, wo er nicht gegen die natürlichen Faktoren anzukämpfen hat, wo er den Boden nicht erst durch Meliorationen neu erwerben muß, sondern ihn schon kulturfähig, wenn auch vielfach verwildert und erkrankt, der Heilung und Pflege bedürftig, vorfindet. Hier ist ihm die Möglichkeit gegeben, den Prozeß der Wiedereinführung des Waldes im engsten Anschlusse an den Weg, den die Natur selbst bei fehlenden menschlichen Eingriffen mutmaßlich gehen würde, sich vollziehen zu lassen. In der Unterstützung, Förderung, Beschleuni=

gung dieser natürlichen Entwicklung, in ihrer Leitung nach wirt=
schaftlichen Gesichtspunkten, in der dauernden Erhaltung auch des
Wirtschaftswaldes in den von der Natur vorgezeichneten Bahnen —
in der sorgsamen Haushaltung mit dem Gegebenen, nicht in der
Anreicherung des Bodens durch künstliche Nährstoffzufuhr, wird die
Forstwirtschaft des Heidegebiets den Schwerpunkt ihrer Aufgaben
zu suchen haben.